青少年科技创新丛书

基于项目的工程创新学习入门——
使用LabVIEW和
myDAQ

李甫成　编著

U0312191

清华大学出版社
北　京

内 容 简 介

本书将引领读者采用当下流行的基于项目的学习方式（Project Based Learning，PBL），配合被业界广泛认可的"图形化系统设计方法"，动手实践软硬件相结合的创新项目。

本书通过大量真实可实现的项目进行实例展现，在项目实现过程中，循序渐进地穿插介绍所需要使用的工业界标准 LabVIEW 软件设计工具以及被成功使用在大规模在线开放课程（MOOC）中的 myDAQ 硬件平台，并且将设计策略、创新方法和后续拓展植入各个项目中。本书主要内容包括工程创新元素、基本传感器连接、数据采集基础、信号分析及输出控制、用户界面设计和虚拟仪器使用等。

本书适合科技与工程创新爱好者、STEM 教育工作者、大学工程导论类课程授课教师、PRP/SRTP工程实践与科技创新项目/课程主讲教师，以及传感器类课程/虚拟仪器课程主讲教师使用。

图书在版编目（CIP）数据

基于项目的工程创新学习入门：使用 LabVIEW 和 myDAQ/李甫成编著. --北京：清华大学出版社，2014（2019.6 重印）

（青少年科技创新丛书）

ISBN 978-7-302-37009-3

Ⅰ.①基… Ⅱ.①李… Ⅲ.①软件工具－程序设计－青少年读物 Ⅳ.①TP311.56-49

中国版本图书馆 CIP 数据核字（2014）第 143158 号

责任编辑：帅志清
封面设计：成　斌
责任校对：袁　芳
责任印制：刘祎淼

出版发行：清华大学出版社

网　　　址：http://www.tup.com.cn，http://www.wqbook.com
地　　　址：北京清华大学学研大厦 A 座　　　　邮　　编：100084
社 总 机：010-62770175　　　　　　　　　　　邮　　购：010-62786544
投稿与读者服务：010-62776969，c-service@tup.tsinghua.edu.cn
质量反馈：010-62772015，zhiliang@tup.tsinghua.edu.cn

印 装 者：山东润声印务有限公司
经　　　销：全国新华书店
开　　　本：185mm×260mm　　　印　　张：13.5　　　字　　数：307 千字
版　　　次：2014 年 9 月第 1 版　　　　　　　　　印　　次：2019 年 6 月第 2 次印刷
定　　　价：69.00 元

产品编号：057771-02

吹响信息科学技术基础教育改革的号角

（一）

　　信息科学技术是信息时代的标志性科学技术。 信息科学技术在社会各个活动领域广泛而深入的应用，就是人们所熟知的信息化。 信息化是 21 世纪最为重要的时代特征。 作为信息时代的必然要求，它的经济、政治、文化、民生和安全都要接受信息化的洗礼。 因此，生活在信息时代的人们应当具备信息科学的基本知识和应用信息技术的基础能力。

　　理论和实践表明，信息时代是一个优胜劣汰、激烈竞争的时代。 谁先掌握了信息科学技术，谁就可能在激烈的竞争中赢得制胜的先机。 因此，对于一个国家来说，信息科学技术教育的成败优劣，就成为关系国家兴衰和民族存亡的根本所在。

　　同其他学科的教育一样，信息科学技术的教育也包含基础教育和高等教育两个相互联系、相互作用、相辅相成的阶段。 少年强则国强，少年智则国智。 因此，信息科学技术的基础教育不仅具有基础性意义，而且具有全局性意义。

（二）

　　为了搞好信息科学技术的基础教育，首先需要明确: 什么是信息科学技术? 信息科学技术在整个科学技术体系中处于什么地位? 在此基础上，明确: 什么是基础教育阶段应当掌握的信息科学技术?

　　众所周知，人类一切活动的目的归根结底就是要通过认识世界和改造世界，不断地改善自身的生存环境和发展条件。 为了认识世界，就必须获得世界（具体表现为外部世界存在的各种事物和问题）的信息，并把这些信息通过处理提炼成为相应的知识; 为了改造世界（表现为变革各种具体的事物和解决各种具体的问题），就必须根据改善生存环境和发展条件的目的，利用所获得的信息和知识，制定能够解决问题的策略并把策略转换为可以实践的行为，通过行为解决问题、达到目的。

　　可见，在人类认识世界和改造世界的活动中，不断改善人类生存环境和发展条件这个目的是根本的出发点与归宿，获得信息是实现这个目的的基础和前提，处理信息、提炼知识和制定策略是实现目的的关键与核心，而把策略转换成行为则是解决问题、实现目的的最终手段。 不难明白，认识世界所需要的知识、改造世界所需要的策略以及执行策略的行为是由信息加工分别提炼出来的产物。 于是，确定目的、获得信息、处理信息、提炼知识、制定策略、执行策略、解决问题、实现目的，就自然地成为信息科学技术的基本任务。

这样，信息科学技术的基本内涵就应当包括：①信息的概念和理论；②信息的地位和作用，包括信息资源与物质资源的关系以及信息资源与人类社会的关系；③信息运动的基本规律与原理，包括获得信息、传递信息、处理信息、提炼知识、制定策略、生成行为、解决问题、实现目的的规律和原理；④利用上述规律构造认识世界和改造世界所需要的各种信息工具的原理和方法；⑤信息科学技术特有的方法论。

鉴于信息科学技术在人类认识世界和改造世界活动中所扮演的主导角色，同时鉴于信息资源在人类认识世界和改造世界活动中所处的基础地位，信息科学技术在整个科学技术体系中显然应当处于主导与基础双重地位。 信息科学技术与物质科学技术的关系，可以表现为信息科学工具与物质科学工具之间的关系： 一方面，信息科学工具与物质科学工具同样都是人类认识世界和改造世界的基本工具；另一方面，信息科学工具又驾驭物质科学工具。

参照信息科学技术的基本内涵，信息科学技术基础教育的内容可以归结为：①信息的基本概念；②信息的基本作用；③信息运动规律的基本概念和可能的实现方法；④构造各种简单信息工具的可能方法；⑤信息工具在日常活动中的典型应用。

（三）

与信息科学技术基础教育内容同样重要甚至更为重要的问题是要研究： 怎样才能使中小学生真正喜爱并能够掌握基础信息科学技术？ 其实，这就是如何认识和实践信息科学技术基础教育的基本规律的问题。

信息科学技术基础教育的基本规律有很丰富的内容，其中有两个重要问题： 一是如何理解中小学生的一般认知规律，二是如何理解信息科学技术知识特有的认知规律和相应能力的形成规律。

在人类（包括中小学生）一般的认知规律中，有两个普遍的共识： 一是"兴趣决定取舍"，二是"方法决定成败"。 前者表明，一个人如果对某种活动有了浓厚的兴趣和好奇心，就会主动、积极地探寻其奥秘；如果没有兴趣，就会放弃或者消极应付。后者表明，即使有了浓厚的兴趣，如果方法不恰当，最终也会导致失败。 所以，为了成功地培育人才，激发浓厚的兴趣和启示良好的方法都非常重要。

小学教育处于由学前的非正规、非系统教育转为正规的系统教育的阶段，原则上属于启蒙教育。 在这个阶段，调动兴趣和激发好奇心理更加重要。 中学教育的基本要求同样是要不断调动学生的学习兴趣和激发他们的好奇心理，但是这一阶段越来越重要的任务是要培养他们的科学思维方法。

与物质科学技术学科相比，信息科学技术学科的特点是比较抽象、比较新颖。 因此，信息科学技术的基础教育还要特别重视人类认识活动的另一个重要规律： 人们的认识过程通常是由个别上升到一般，由直观上升到抽象，由简单上升到复杂。 所以，从个别的、简单的、直观的学习内容开始，经过量变到质变的飞跃和升华，才能掌握一般的、抽象的、复杂的学习内容。 其中，亲身实践是实现由直观到抽象过程的良好途径。

综合以上几方面的认知规律，小学的教育应当从个别的、简单的、直观的、实际的、有趣的学习内容开始，循序渐进，由此及彼，由表及里，由浅入深，边做边学，由低年级到高年级，由小学到中学，由初中到高中，逐步向一般的、抽象的、复杂的学习内容过渡。

（四）

我们欣喜地看到，在信息化需求的推动下，信息科学技术的基础教育已在我国众多的中小学校试行多年。感谢全国各中小学校的领导和教师的重视，特别感谢广大一线教师们坚持不懈的努力，克服了各种困难，展开了积极的探索，使我国信息科学技术的基础教育在摸索中不断前进，取得了不少可喜的成绩。

由于信息科学技术本身还在迅速发展，人们对它的认识还在不断深化。由于"重书本"、"重灌输"等传统教育思想和教学方法的影响，学生学习的主动性、积极性尚未得到充分发挥，加上部分学校的教学师资、教学设施和条件还不够充足，教学效果尚不能令人满意。总之，我国信息科学技术基础教育存在不少问题，亟须研究和解决。

针对这种情况，在教育部基础司的领导下，我国从事信息科学技术基础教育与研究的广大教育工作者正在积极探索解决这些问题的有效途径。与此同时，北京、上海、广东、浙江等省市的部分教师也在自下而上地联合起来，共同交流和梳理信息科学技术基础教育的知识体系与知识要点，编写新的教材。所有这些努力，都取得了积极的进展。

《青少年科技创新丛书》是这些努力的一个组成部分，也是这些努力的一个代表性成果。丛书的作者们是一批来自国内外大中学校的教师和教育产品创作者，他们怀着"让学生获得最好教育"的美好理想，本着"实践出兴趣，实践出真知，实践出才干"的清晰信念，利用国内外最新的信息科技资源和工具，精心编撰了这套重在培养学生动手能力与创新技能的丛书，希望为我国信息科学技术基础教育提供可资选用的教材和参考书，同时也为学生的科技活动提供可用的资源、工具和方法，以期激励学生学习信息科学技术的兴趣，启发他们创新的灵感。这套丛书突出体现了让学生动手和"做中学"的教学特点，而且大部分内容都是作者们所在学校开发的课程，经过了教学实践的检验，具有良好的效果。其中，也有引进的国外优秀课程，可以让学生直接接触世界先进的教育资源。

笔者看到，这套丛书给我国信息科学技术基础教育吹进了一股清风，开创了新的思路和风格。但愿这套丛书的出版成为一个号角，希望在它的鼓动下，有更多的志士仁人关注我国的信息科学技术基础教育的改革，提供更多优秀的作品和教学参考书，开创百花齐放、异彩纷呈的局面，为提高我国的信息科学技术基础教育水平作出更多、更好的贡献。

钟义信
2013 年冬于北京

探索的动力来自对所学内容的兴趣，这是古今中外之共识。正如爱因斯坦所说：一个贪婪的狮子，如果被人们强迫不断进食，也会失去对食物贪婪的本性。学习本应源于天性，而不是强迫地灌输。但是，当我们环顾目前教育的现状，却深感沮丧与悲哀：学生太累，压力太大，以至于使他们失去了对周围探索的兴趣。在很多学生的眼中，已经看不到对学习的渴望，他们无法享受学习带来的乐趣。

在传统的教育方式下，通常由教师设计各种实验让学生进行验证，这种方式与科学发现的过程相违背。那种从概念、公式、定理以及脱离实际的抽象符号中学习的过程，极易导致学生机械地记忆科学知识，不利于培养学生的科学兴趣、科学精神、科学技能，以及运用科学知识解决实际问题的能力，不能满足学生自身发展的需要和社会发展对创新人才的需求。

美国教育家杜威指出：成年人的认识成果是儿童学习的终点。儿童学习的起点是经验，"学与做相结合的教育将会取代传授他人学问的被动的教育"。如何开发学生潜在的创造力，使他们对世界充满好奇心，充满探索的愿望，是每一位教师都应该思考的问题，也是教育可以获得成功的关键。令人感到欣慰的是，新技术的发展使这一切成为可能。如今，我们正处在科技日新月异的时代，新产品、新技术不仅改变我们的生活，而且让我们的视野与前人迥然不同。我们可以有更多的途径接触新的信息、新的材料，同时在工作中也易于获得新的工具和方法，这正是当今时代有别于其他时代的特征。

当今时代，学生获得新知识的来源已经不再局限于书本，他们每天面对大量的信息，这些信息可以来自网络，也可以来自生活的各个方面，如手机、iPad、智能玩具等。新材料、新工具和新技术已经渗透到学生的生活之中，这也为教育提供了新的机遇与挑战。

将新的材料、工具和方法介绍给学生，不仅可以改变传统的教育内容与教育方式，而且将为学生提供一个实现创新梦想的舞台，教师在教学中可以更好地观察和了解学生的爱好、个性特点，更好地引导他们，更深入地挖掘他们的潜力，使他们具有更为广阔的视野、能力和责任。

本套丛书的作者大多是来自著名大学、著名中学的教师和教育产品的科研人员，他们在多年的实践中积累了丰富的经验，并在教学中形成了相关的课程，共同的理想让我们走到了一起，"让学生获得最好的教育"是我们共同的愿望。

本套丛书可以作为各校选修课程或必修课程的教材，同时也希望借此为学生提供一些科技创新的材料、工具和方法，让学生通过本套丛书获得对科技的兴趣，产生创新与发明的动力。

丛书编委会

2013 年 10 月 8 日

如果你正手捧着这本不算很厚的纸质图书阅读下面的文字，我将十分感动。 因为在这个计算机网络与云技术风行的年代，喜爱读书的人们似乎都已经转向了网络媒体与电子书籍，传统的图书出版业迎来了革命性的转变，原本图书馆和书架上陈列的书籍的内容可能现在保存在一台便携移动设备中。 改变这一切的，就是 IT（Information Technology，信息技术）。 不只是数字出版业，个人计算机、音乐发行、移动电话、动画电影、平板计算这些和我们的生活息息相关的行业发展进程都被一一改写。 我们可以尝试在谷歌或者其他搜索引擎上搜索 "改变世界" 的关键词，在首页得到的结果中无非有两类答案： 一类是名字为 Change the World 的歌曲；另一类则和 IT 相关。 有胆识和能力在公众面前平铺直叙改变世界的人物曾经供职于下述科技公司（既然大家都知道他姓乔，这里就不直呼其名了）。 无论是苹果、谷歌，还是微软、三星，这些 IT 巨头成为改变世界的浪潮中不可或缺的元素。 无论你承认与否，他们都开始研究软、硬件相结合的系统级设计。 从谷歌 "牵手" 摩托罗拉，到微软 "木马" 芬兰巨人诺基亚；苹果成功的无缝软硬集成与三星从芯片到终端的完整产业链，顶尖的能够改变世界的工程创造必须 "软、硬兼备"。

　　既然你有兴趣翻开这本书，相信你同样对改变世界的工程创新有着不一般的信念，从红外无线 iTunes 遥控器到摩尔斯电报机，从小车感应智能交通系统到远程视频监控机器人，这些软、硬件结合的工程实践项目将在本书中得到一一呈现。 你可以跟着本书由浅入深，且基于项目学习（Project Based Learning）的模式来积累工程实践及科技创新所必需的各种元素。 所有的硬件搭建和软件设计知识都被有意识地打散分布在各个项目的实践过程中。 当你完成项目并进行总结，或者将不同项目进行衔接的时候，能够自然地巩固所 "实践" 过的知识点。 当然，笔者更希望读者能够基于书中给出的众多实践项目，开发出更多自己原创的新点子、新项目，期待我们的例子能够抛砖引玉，激发出更多、更好的创新作品。

　　一定会有人问： "难道我们在网络上就找不到类似的资源来实践工程创新吗?" 答案是： "一定有。"

　　在国外大规模在线开放课程（MOOC）大行其道的今天，我们可以坐在家里学习MIT、UC Berkeley 等世界一流名校的各种课程；最优秀的教授们和我们隔屏相望；要获得最出色的教学资源，只需单击一下鼠标。 这些课程具有完整的体系结构和教学特色，笔者试图将不同工程类课程中的知识点与细节打散在创新实践项目中，并标注在项目中。 对于还未学到该门课程的读者来说，这些内容可以作为预告，因为未来可以有意识地去学习；对于学过这门课程的读者来说，或多或少会带来一些顿悟：原来以前学过的内容还可以用在项目的这个部分。

为了让软、硬结合的工程实践和科技创新过程与工业界最大限度地接轨，所有项目的设计软件全部采用图形化工程系统设计软件 LabVIEW。 世界上超过 95% 的工程制造 500 强企业都使用它实践工程创新，或许未来你将是设计师中的一员。 所有项目中用到的硬件核心是 myDAQ，它在全球 600 多所高等及中等院校中被广泛使用。 在 2013 年 10 月全新上线的清华大学电路原理国际化 MOOC 课程中，就使用 myDAQ 进行"翻转课堂"（Flipped Classroom）的探究性教与学。

借助本书，你将成为互动式 MOOC 学习的积极成员。

最后，回到你手上的这本书，在信息爆炸、图书虚拟化的年代，你若依旧对纸质图书情有独钟，说明你真正喜爱读书。 笔者希望你在阅读的同时，边动手边思考；在感受阅读惬意的同时，真正获得"做工程（Do Engineering）"与实践工程创新的快乐。

本书是第一本中文版基于 myDAQ 与 LabVIEW 的官方认可书籍，并第一次尝试采用"基于项目学习"的崭新方式来撰写。 书中难免存在疏漏与不足，希望通过与读者互动，逐步改进，请不吝批评指正。

笔 者

2014 年 4 月于美国国家仪器 中国总部

目　录

本书导读

0.1　目标读者及预备知识

基于项目的工程创新学习，目的是让读者在真正的项目实践过程中学习知识，激发灵感。本书主要的读者群包含（但不仅限）：STEM 教育工作者、大学工程导论类课程授课教师、PRP(Participation in Research Project)/SRTP(Student Rsearch Training Project)工程实践与科技创新项目/课程主讲教师、传感器类课程/虚拟仪器课程主讲教师、学有余力的高年级高中学生，以及大学本、专科低年级学生和科技与工程创新爱好者。书中的知识讲解以项目为单位来组织，介绍了每个项目的知识背景，努力将读者的预备知识要求降到最低。理论上，只要具备高中数学、物理、生物及化学知识的读者均能理解本书内容。

0.2　如何使用本书

0.2.1　对于学生及科技与工程创新爱好者

对于学生及科技与工程创新爱好者，可以按照章节顺序依次阅读，思路如下所述。

本书第 1 章以"实践科技与工程创新的必要元素、方法和工具"开头，将创新者需要掌握的必备知识集合呈现在读者面前；结合当前面临的科技创新及工程实践的巨大挑战，引出不同的应对方法，并剖析各方法的利弊。借助高效、创新的方法，结合科技及工程应用实例，引出本书使用的系统设计工具。

选定具体的创新方法及工具之后，如何来学习，也就是采用何种学习方法，至关重要。第 2 章简要介绍"LabVIEW 和基于项目的学习"方法，结合 21 世纪人类面临的 14 大工程挑战，针对其中的三个方向提供了演示项目。读者可以通过视频或者实物对项目学习有一个初步的认识，借此提升兴趣。

了解历史才能帮助我们更好地展望未来，第 3 章开篇回顾了工程创新必不可少的仪器技术的发展历程，并给出了未来愿景，使读者理解"仪器对系统的测试"同"未来系统的控制及设计"密不可分。同时，将工业界的技术与发展趋势与本书后续项目用到的 myDAQ 设备相关联，借助这个虚拟仪器硬件设备来映射与衔接工业界的发展方向。

然后，详细介绍 myDAQ 设备的配置，并且结合多个项目实例介绍其主要的三类使用方法。

第 4 章至第 6 章按照基础、中级、高级的顺序循序渐进地介绍创新项目。不仅在硬件上由简入繁，在软件设计策略及实现上也层层递进。

每一个"基于项目的学习"内容均由下述环节组成：项目目的、项目实现的组成部分、学生在项目中的角色、项目情景、项目产品、项目背景知识、项目硬件搭建指导、项目软件设计策略以及项目相关的其他挑战。

附录部分给出了必要的软件环境搭建指南及其他信息。

0.2.2　对于 STEM 教育工作者

对于 STEM 教育工作者而言，通常需要在课程中突出科学、技术、工程及数学这 4 个方面在解决实际问题时的应用，可以从第 3～6 章的项目中酌情提取。其中，第 3 章的 3.2～3.6 节有关软、硬件工具方面的核心基础内容，应当在学生实际操作之前集中介绍。

0.2.3　对于大学工程导论类课程授课教师

对于大学工程导论类课程授课教师，基本可以按照本书章节顺序授课。第 1 章给出基本创新必备元素、方法、工具及实例（3～4 课时）。第 2 章通过演示项目提升学生的学习兴趣并给予直观感受（2 课时）。第 3 章回顾技术历史，展望未来，并将院校教学与工业发展相结合，进而具体介绍核心使用方法（3～4 课时）。其中，3.4 节侧重介绍仪器的基本使用（仪器方向专业工程导论可以细讲），3.5 节侧重介绍电路硬件仿真及设计（电子信息专业方向工程导论可以细讲），3.6 节将软件编程与硬件设计融合，帮助学生理解完整的工程系统设计。该节融入了 3 个分段子项目，并且将绝大多数基本 LabVIEW 编程开发环境知识、编程操作方法、函数基本元素对象、数据结构、界面设计等内容分散在这 3 个子项目的操作当中，不像其他 LabVIEW 书籍将 LabVIEW 编程基础的细节设置成多个单独的章节分别讲授。学生在一步步完成 3 个子项目的同时，就能熟悉 LabVIEW。如果需要深究细节，可以在 LabVIEW 自带的完整帮助文档中找到。第 4～6 章中的多个项目实例可以作为导论类课程要求学生研究、探讨的实际对象，教师可根据本专业的培养特色及目标酌情选取。

0.2.4　对于 PRP/SRTP 工程实践与科技创新项目/课程主讲教师

对于 PRP/SRTP 工程实践与科技创新项目/课程主讲教师，可以将第 3 章作为学生入门以及熟悉软、硬件的起点章节，将第 4～6 章作为实践项目题库，或者用于引导学生开展项目，抛砖引玉，在已有项目的基础上引入更多其他硬件及丰富的软件设计层次，以便未来连接至更复杂的研究性项目。

0.2.5　对于传感器类课程主讲教师

本书第 4 章中的所有基础实例涵盖了工程中常用的传感器设备，传感器类课程的教师可以采用其中的项目指导学生实验。当然，应先讲解第 3 章 3.2～3.6 节的基础知识。

0.2.6　对于虚拟仪器课程主讲教师

目前在中国有 200 多所学校开设了虚拟仪器/LabVIEW 课程。对于结合 myDAQ 辅助讲授虚拟仪器课程的教师,本书第 1 章和第 3 章 3.1 节可以作为虚拟仪器技术的拓展性内容,有效补充现有虚拟仪器技术的知识。因为业界正从虚拟仪器技术走向图形化系统设计。第 2 章中的项目可以作为课堂演示的组成部分。第 4～6 章的部分项目或者项目中的部分环节可以作为学生虚拟仪器课程的配套实验指导。

0.3　本书及相关资源的特色

0.3.1　方法

① 基于项目的学习——PBL(Project Based Learning)方法贯穿本书的每一个环节。

② LabVIEW 软件及 myDAQ 硬件的知识打散在不同的项目当中,使读者在完成项目的过程中潜移默化地学习,而不是阅读软、硬件产品说明书。

③ 问题与挑战催生了方法,而方法带领我们去寻找高效的工具。不熟悉 LabVIEW 的读者应当从头阅读本书,因为直到第 1 章的最后一句话,我们才第一次提到 "LabVIEW"这个名字。顺着我们的思路,看看是什么把我们的创新步伐引向了它。

④ 本书附带光盘中有全功能的 LabVIEW 以及 Multisim 软件试用版(最新版本为 7 天+30 天试用),需要结合书中介绍的方法及以上两款软件进行教学/授课的老师,请填写附件中的申请表并通过邮件向笔者免费索取学生版(无时间限制)正版授权。

0.3.2　延伸

本书使用的硬件数据采集设备是针对院校教师与学生的 NI myDAQ。由于 NI 数据采集硬件驱动的强大兼容性,书中的项目程序(全部为开源代码,参见本书附带光盘)同样可以用来控制上百种 NI 全系列数据采集卡,其中与 myDAQ 功能最接近的设备型号为 NI 6211。这些硬件设备是真正被使用在全球 35000 多家工程创新企业中,并用来改变世界的工程系统的有机组成部分。若要查阅所有与本书兼容的 NI 数据采集卡列表,请参考附录。

0.3.3　互动

由于本书涉及的读者群较广,且其知识背景不尽相同,为了提供双向沟通的交流机制,笔者将通过 QQ:3048284910 以及 livefortune@gmail.com 收集反馈信息并小规模与读者互动,还将通过新浪微博 http://www.weibo.com/fortuneli 发布最新信息,并在 http://bbs.gsdzone.net/ 上与更多读者探讨相关问题。

笔者还将通过上述邮箱或 QQ 针对不同读者群推出配套的 PPT 文稿。

第1章 实践科技与工程创新的 必要元素、方法和工具

21世纪对于科学与工程技术的依赖程度是前所未有的。我们寄希望于科学家和工程师开发出新技术,使我们生活得更健康,确保世界可持续发展,甚至保护我们不受自然灾害的影响。正如望远镜帮助伽利略探究宇宙,指南针帮助中国的冒险家游遍世界各大洋,科学发现的工具对于创新来说至关重要。现代工程师和科学家能够以从未有过的方式来测量和控制各种现象,正是依赖于新工具的发明,从而与日趋复杂的技术保持同步。在寻找实践科技与工程创新的高效工具之前,应着重了解工程技术实践必需的组成元素。

1.1 实践科技与工程创新的必要元素

苹果公司(APPLE)自2007年发布第一代iPhone手机产品至今,一直被认为是业界的翘楚,工程创新的典范。我们不妨以iPhone这个具体的创新产品为例,探讨其中涉及的必要组成元素。

作为一部电话机,iPhone最基本的功能是接收语音信号,并且产生通话对方的语音信号。这里涉及两个硬件:输入(或者说接收)语音信号的麦克风(microphone)以及输出(或者说产生)语音信号的扬声器(speaker)。麦克风负责把自然界的声音信号转换为电信号送入手机系统,扬声器负责把无线传输回来并经过处理的电信号还原成自然界的声音信号。它们也就是我们所说的硬件接口。除了上述两种硬件之外,iPhone还有蓝牙接口(Bluetooth)、无线局域网接口(WiFi)、全球定位系统接口(GPS)、Apple独有的Lightening数据接口等。智能手机众多的硬件接口不仅让设备能够与外部世界互联,而且相互辅助,催生出无穷的创新应用。这就是我们所说的科学与工程创新必要元素的第一条:硬件接口。这里所说的硬件包括输入硬件和输出硬件。

当你在嘈杂的环境中拨打移动电话时,对方希望清晰地听到讲话内容,并最大限度地抑制背景噪声,这就需要有效地分析和处理声音信号。细心的你可能会发现,在最新一代iPhone手机上集成了3个麦克风输入接口,借助它们,系统内部将合理设置滤波器[①]及其他信号处理模块,将原始的带有背景噪声的语音信号进行必要的分析和处理,提取有用内

---

① 在电路原理及信号与系统课程中详细讲授。

容,去除噪声和无用部分,供接收者正确识别。这其中涉及复杂的数学运算和各种专利。因此,内建的丰富的数学运算与智能信号处理、分析能力是实现创新系统不可或缺的元素。

强大的算法和函数功能需要借助先进的处理器才能发挥其潜能。每一代 iPhone 的更新都提到使用了更快、更强大的 A 系列处理器(A4、A5、A6、…),除摩尔定律之外,提供了商业化的革新技术,包括更高的工作主频,更微小的半导体工艺,多核并行处理器,功能更强的图像协处理器[①],第 4 代移动通信技术 LTE[②] 等。综合运用各种商业化最新技术,成就了史蒂夫·乔布斯的一个又一个奇迹。

如果说这些隐藏在背后的功能默默提升了用户对于 iPhone 的使用感受,那么稳定、安全的 iOS 操作系统与易学易用的人机用户界面则给人最直接的智能系统体验。iOS 操作系统使用的是 XNU,Darwin 混合内核,采用 C、C++、Objective-C 混合语言编程[③]。苹果知道如何综合各种程序的长处来最大限度地满足消费者的多重需求。这使得多种语言的兼容与协作成为其成功的关键因素之一,也是 iOS 一直被认为是最稳定的移动操作系统之一的原因。在满足了稳定及安全的需求之后,赏心悦目、易学易用的人机用户界面使得 iPhone 受到男女老少的青睐。绚丽的色彩搭配,合理的内容布局,直观的层次管理配合视网膜屏幕,这就是 iPhone 的特色。爱美之心,人皆有之。门面功夫做到位,成功也就水到渠成。

我们似乎重新地对 iPhone 做了一番回顾,目的不是想推销这款设备,而是希望借助它的成功经验定位实践科技与工程创新所需的必要元素。强大的硬件输入/输出接口(麦克风、扬声器、……),丰富的内建数学及算法函数库(智能消噪),结合最新商业化技术(多核并行),多种编程模型及语言(C、C++、Objective-C),出色可人的用户界面(iOS),这些成就了 iPhone,也告诉我们,如果想做下一个史蒂夫·乔布斯,实践属于自己的科学工程技术创新,请牢牢记住上述五大必要元素,如图 1-1 所示。

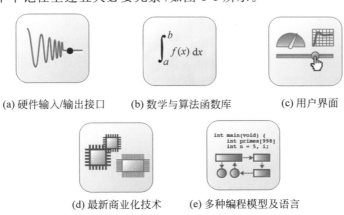

(a) 硬件输入/输出接口　　(b) 数学与算法函数库　　(c) 用户界面

(d) 最新商业化技术　　(e) 多种编程模型及语言

图 1-1　实践科技与工程创新的必要元素

①　在微机原理及计算图形学中会详细讲授。
②　在通信原理中详细讲授。
③　在 C/C++、Java 编程中详细讲授。

1.2 实践科技与工程创新的高效方法与工具

1.2.1 不同方法的实例与创新所面临的挑战

要复制别人的创新成果，不是照葫芦画瓢就能完成的。那么，如何将必要的工程实践元素高效地综合在一起呢？我们试图寻找一种平台化的工具，它必须涵盖上述五大必要元素，并且直观、高效、可靠且灵活。

假设你不懂西班牙文，当你走到巴塞罗那某个游泳池边想要试试水深的时候，不经意地发现了图 1-2 所示的图标。无须多说，你也能心领神会——此处水浅，请勿跳水。举这个例子，不是想告诉你学习西班牙文没有用，而是提醒你，我们生活在一个图形化的世界里，表达语言可以是文本的，也可以是图形化的。

图 1-2　图形化语义的表达

无独有偶，在系统设计的世界里（这里只考虑软件部分），同样存在两种不同形式的编程语言，即文本编程语言和图形化编程语言。使用编程语言的目的是完成现实世界中的各种任务，使用的手段是用高效的方式将要完成的任务抽象化。下面介绍三种典型的情况。

1. 学习和工作

当需要按照时间顺序标出工作/学习活动进度时，常用的方式是描绘甘特图（Gantt Chart），如图 1-3 所示。如果要在不同的时间段开始多个不同的学习和工作任务，并且其相互之间存在先后制约关系，那么甘特图如同图 1-3，虽然元素较多，但简洁明了，便于阅读。

2. 体育运动

在足球俱乐部中，教练常常需要针对不同的对手制定球队进攻策略。由于球场上本方的 11 名球员和对方的 11 名球员是同时存在且并行运动的，教练常用图 1-4 所示的球员站位、跑位示意图向球员部署和讲解。虽然图上有超过 22 个组成元素，但分类明确，一目了然，可以非常迅速地将指导思想传达给各个位置的球员。

图 1-3　甘特图

图 1-4　足球教练指挥队员图示

3. 休闲娱乐

当你坐在音乐厅的观众席上，聆听美妙的钢琴曲或者小提琴曲的时候，遥望舞台上的表演者，他面前摆着一本乐谱，大致内容应该是如图 1-5 所示的形式。如果他面前什么都没有，其脑海中浮现的也应当是图 1-5 所示的形式。

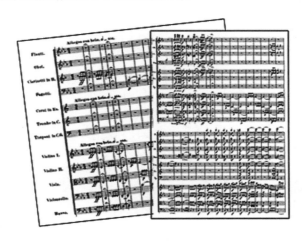

图 1-5　图形化的乐谱

回到系统设计的议题。我们尝试着用文本编程的方式诠释上述 3 种典型情况，结果如图 1-6 所示。

使用文本的方式同样可以追踪工作/学习的进度，部署球队的战术，描绘优雅的音乐，但是为什么我们没有这样做呢？因为文本语言的特质是顺序的，单句描述式的；而我们所生活的世界是图形化的，是并行的。就连计算机的处理器也开始向并行的世界靠拢，越来越多多核并行处理器的诞生一次又一次地刷新处理速度和运行效率的记录。然而在硬件越来越贴近并行的同时，软件存在着巨大的挑战。微软公司全球总裁 Herb Sutter 预言："并行革命将是继面向对象革命之后更具破坏力的一次演变。"面对这场巨大的变革，就连 iPhone 的缔造者史蒂夫·乔布斯也坦言："芯片行业的巨头们正向 CPU 中加入越来越多的处理器核心，但是没有人知道该如何对如此众多的核心进行编程。"我们该如何面对这一变革性的挑战？这个问题同样被摆在了学术界教授们的眼前，斯坦福大学计算机科学

工作/学习　　　　　体育运动　　　　　休闲娱乐

我们的世界
不使用图形化的方法来描述

Begin Project	Align in Split-Back Formation	Begin Song
Simultaneously Begin Tasks A and B	Center Hikes Ball to Quarterback	Rest Two Beats in ¾ Time
When Task A Ends,	Simultaneously,	While Three Iterations Haven't Been Played,
Simultaneously Begin Tasks C, D, and H	Center Blocks Defensive Tackle	Left Hand Plays Low C, G, and Middle C
When Tasks B and C Both End,	Quarterback Hands Ball to Tailback	And Right Hand E, G, and High C
Begin Task E	Offensive Tackles 1-4 Block Defensive End	Hold for Two Beats
When Task D Ends,	Wide Receiver Right Runs In Route	Pause for One Beat
Begin Task F	Wide Receiver Left Runs Screen Route	Left Hand Plays Low A, D, F
When Task E Ends, If Task H has Ended,	Tight End Blocks Linebacker	And Right Hand Plays High F, A, F
Begin Task G	Tailback Runs Through Center Hole	Hold for Three Beats
When Task F and G End,	Fullback Blocks Middle Linebacker	Repeat
Finish Project	End Play	End Song

图 1-6　使用图形化方式与文本方式对同一事物的表达

系主任 Bill Dally 给这个问题定下的基调是：并行编程可能是当前计算机科学领域最大的问题（没有之一），如图 1-7 所示。

并行编程的挑战

"软件并发的革命将比当年面向对象的革命更具颠覆性"
微软 CEO：Herb Sutter

"当今计算机科学领域所面临最大的问题可能就是'并行编程'问题"
Stanford University计算机系主任：Bill Dally

"没有人知道该如何真正进行针对并行处理器的编程"
Steve Jobs

图 1-7　并行的世界所面临的程序设计挑战

　　下面看一个可行的方法。由于需要处理的任务是并行发生的，用图形块的方式把所有需要处理的过程并排放置在一张白纸上，如图 1-8 所示。

　　为了简洁，以一个最简单的两件事情并行处理的任务为例。图片中描述的是并行完成用户界面响应和通过硬件接口获得数据这两件事情。图 1-9 展示了利用图形化系统设

实时响应用户界面（响应各种点击、拖曳、键盘指令等）

实时配合用户界面的动作，通过硬件接口不停地采集数据，完成数据分析和显示

图 1-8　需要并行处理的两个任务

计工具编写的完成图 1-8 中要求的功能的源代码。

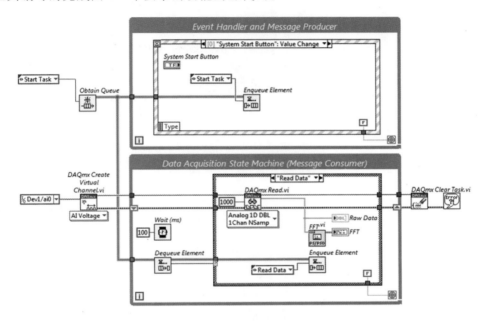

图 1-9　需要并行处理的两个任务的图形化代码

先不深究图 1-9 中的细节，暂时忽略两个大方框里的小方框以及各种连线。你会惊奇地发现，设计代码和所要完成任务的描述十分相似，似乎存在一一对应的关系，最终抽象为两个并列放置的程序方框。因为你正在用更贴近大脑思维的模式去设计程序。

我们寻找并行程序设计方法的原因是什么？因为它能高效地利用并行的硬件，更快、更好地完成并行世界的任务。我们使用图形化的方式去编写程序、设计系统的原因是什么？因为它直观易懂，能够出色地完成思维模式与程序实现之间的映射。可以说，图形化系统设计方法是一种更贴近实际生活的设计方法，它不仅直观，还能完成并行任务。

本节的目的是寻找一种平台化的创新工具，它必须涵盖前述五大必要元素，并且直观、高效、可靠且灵活。目前看来，图形化的系统设计方法满足其中两点。在工业界和学术界有许多图形化系统设计工具。回顾上述图形化代码，看看其中是否蕴含五大元素，并且可靠、灵活。

把这个图形化设计代码及其附带的设计环境重绘在图 1-10 中。

在图 1-10 中可以找到最新商业化技术、提升用户体验的人机界面、多种编程模型及

最新商业化技术
可结合最新的多核计算技术、现场可编程门阵列技术、Virtualization技术、云计算、LTE无线技术、无线传感网络技术……

可以部署/下载到包括PC在内的多种硬件上
将编写好的图形化系统设计代码下载到计算机、嵌入式处理器（ARM、PowerPC）、单片机、FPGA等各种硬件上

提升用户体验的人机界面
让设计者自定义地创建独具风格的漂亮的人机界面

多种编程模型及语言
可以封装/重用.m文件、C代码、HDL硬件描述语言，将其与图形化代码一同使用

硬件输入/输出接口的驱动程序
输入真实世界的信号，将处理后的信号输出至真实世界

并行编程
创建独立的模块，使其并行运行

数学与算法函数库
内建的上万种算法与函数帮助实现各种应用

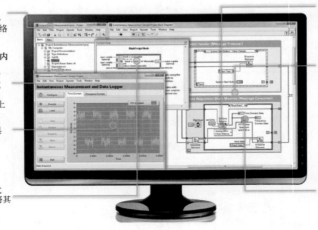

图 1-10　图形化系统设计开发环境

语言、与硬件的接口以及数学与算法函数库。可能这些技术词汇对你来说有些陌生，经过一系列创新实践之后，你会逐渐熟悉。到时重温本节内容，或许别有一番感受。图 1-10 呈现的是一台显示器，图中提到五大元素中没有指出的一点，就是可以部署/下载到包括 PC 在内的多种硬件。下面将分别介绍图形化系统设计环境与最终部署/下载的硬件。

　　假设要设计一个类似于 iPhone 的智能手机，名为 shanzhai-iPhone，图 1-10 中的计算机代表使用图形化语言设计该 shanzhai-iPhone 的软件环境，所有的设计工作都会在计算机上完成。也就是说，这个图形化系统设计工具安装在计算机上（通常称为上位机）。然而，我们在计算机上编写的图形化代码最终需要下载（或者说部署）到 shanzhai-iPhone 这个独立设备上（通常称为下位机）。shanzhai-iPhone 会有独立运行的处理器，独立的硬件接口及用户界面等，其行为由下载/部署的图形化代码决定。"可以部署到包括 PC 在内的多种硬件"，意味着可以根据不同的应用需要，选择合适的硬件技术和对象，将软件和硬件无缝地结合在一起。

1.2.2　优秀设计方法的一个实例——把计算机变成 iPhone Siri

　　因为我们手头暂时没有多余的硬件设备用来实现 shanzhai-iPhone，那么尝试最大限度地借用笔记本电脑，看看图形化系统设计软件如何将其变成能够回答问题的 iPhone Siri（注：Siri 是苹果公司在其产品 iPhone 4S 上应用的一项语音控制功能。Siri 令 iPhone 4S 变身为一台智能化机器人。利用 Siri，用户可以通过手机读短信、介绍餐厅、询问天气、语音设置闹钟等。Siri 支持自然语言输入，并且可以调用系统自带的天气预报、日程安排、搜索资料等应用，还能够不断学习新的声音和语调，提供对话式的应答）。由于这是我们第一次运行图形化系统设计代码，所以针对这个 First-time，将该应用程序命名为 Firi。本书附带的光盘中有一个名为 iPhone-Firi 的文件夹，单击其中的 setup.exe，然

后按照图 1-11 所示步骤安装该应用程序。

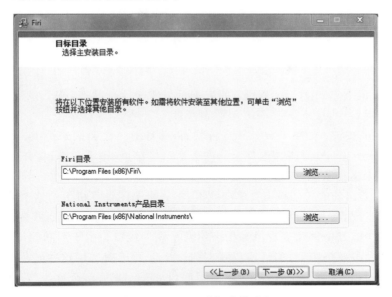

图 1-11　为 Firi 选择安装路径

成功安装之后，在"开始"菜单当中找到"Firi"并运行。计算机屏幕上将呈现 iPhone 4S 的用户界面。图 1-12 展示了 Firi 的各个组成元素。

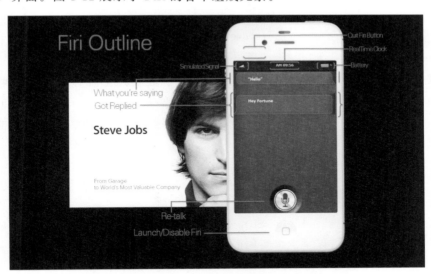

图 1-12　Firi 用户界面的组成元素

①　虚拟的无线移动信号：因为普通笔记本电脑上没有相应的移动网络语音通信硬件，因此这里仅作为仿真虚拟信号显示。

②　实时运行的时钟：实时显示当前计算机上的时间。

③　虚拟的电池电量：模拟 iPhone 电池的消耗情况。当电池电量低时，显示红色，反

之为绿色。

④ 显示你所说的话：你可以对着计算机的麦克风说一句英文，如"Who are you"，该内容将显示在"What you're saying"部分。

⑤ 显示 Firi 的回答：Firi 根据你所说的内容，进行答复，内容显示在"Got Replied"部分。

⑥ iPhone 最下方的 Home 按键：如果 Firi 处于未运行状态，按下该键，将启动 Firi。如果 Firi 正在运行中，按下该键，Firi 被强制关闭。

⑦ 小麦克风按键：如果 Firi 处于运行状态，并且上一次会话未结束，该键将禁用，无法按下。如果 Firi 处于运行状态，且上一次会话已经结束，按下该键，将开始一次新对话。如果 Firi 处于未运行状态，该键被隐藏。

⑧ 左上角空白处的关闭按键：单击该键，将完全关闭计算机上的这个 iPhone。

你可能会发现，在某些计算机上无法正常运行这个应用程序。回顾该设计的各个组成部分，我们发现，其中涉及麦克风和扬声器两个硬件接口。由于不同的计算机上安装了不同的麦克风设备及扬声器设备，所以我们的设计需要正确调用这些硬件设备的驱动程序，才能使硬件与软件协同工作（注：驱动程序（Device Driver）全称为"设备驱动程序"，是一种使计算机和设备通信的特殊程序，相当于硬件接口。操作系统只有通过这个接口，才能控制硬件设备的工作。假如某设备的驱动程序未能正确安装，便不能正常工作。正是这个原因，使驱动程序在系统中占有十分重要的地位。一般情况下，当操作系统安装完毕后，首先要安装硬件设备的驱动程序。作者的计算机型号是 Thinkpad T410 i7version）。

这里的硬件驱动可以理解为五大必要元素中的硬件输入/输出接口，是系统设计中非常重要的一环。

如果你的计算机没有办法完全通过麦克风和扬声器来完成 Firi 功能，没有关系，读完后面的章节，你一定能找到解决方法。本书附带光盘中包含 iPhone Firi 运行的交互视频，可供预览。你也可以访问 http://u.youku.com/TechInnovator，找到更多有趣的图形化系统设计创新视频。

1.3　图形化系统设计作为科学探索及工程创新工具的应用举例

除了这个简单的电脑版 iPhone Siri，还有哪些令人振奋的高科技创新系统使用图形化方式来设计与实现呢？以下三个实例展示了如何使用图形化系统设计来应对各种技术挑战，其中涉及探究暗物质的起源、开发无创医疗成像技术和控制全球最大的天文望远镜。

1.3.1　控制全球最大的粒子加速器

全球最大的粒子物理实验室——欧洲粒子物理研究所（European Organization for Nuclear Research，CERN）正在进行"上帝粒子"的研究，试图揭开宇宙形成物质的神秘面纱。CERN 科学家使用现有最强大的粒子加速器——大型强子对撞机（LHC）来测量和控制体积较大的组成成分的位置，以吸收正常粒子束核心之外的能量粒子，如图 1-13 所示。

图 1-13　大型强子对撞机（LHC）

CERN 的科学家开发出一款能够拦截偏轨或不稳定粒子束的运动控制系统。他们选择图形化系统设计工具的原因是：比起传统的 VME 和基于可编程逻辑控制器的模型，图形化系统设计方法结合了现场可编程门阵列技术，直观可靠、坚固性强，可节省大量成本。这些测量和调整实时进行，而且必须极其可靠和精确，因为偏离轨道运动的粒子束可能造成灾难性的破坏。LHC 收集的粒子碰撞数据提供了前所未知的信息，帮助解释宇宙是如何形成的、为什么粒子有质量以及暗物质的起源是什么等问题。

1.3.2　全球首款实时三维 OCT 医学成像系统

医疗研究人员一直在寻找更好的躯体和大脑成像工具，从而在病症对生命造成威胁之前诊断出病源。光学相干断层（Optical Coherence Tomography，OCT）是一种安全的无创成像技术，可对物质进行次表面（Subsurface）与截面（Cross-sectional）成像，如图 1-14 所示。该诊断工具应用于医疗领域，具有当前其他成像方法无法匹敌的分辨率，且无须病人经受创伤性手术。

图 1-14　使用 OCT 实时渲染皮肤的三维图像

借助现场可编程门阵列技术（FPGA），配合 GPU 强大处理能力的 320 通道大规模数据采集系统,北里大学(Kitasato University)的研究人员最近开发出全球首款实时三维 OCT 医学成像系统。另外,系统核心使用图形化系统设计的方法来控制系统的不同部分,将数据采集设备和 FPGA 以及 GPU 技术融为一体,实现实时计算、渲染和显示。借助该系统,医生能够完全实时地沿任意方向旋转该渲染的三维图像,了解血液流动和动态细胞变化情况,这些信息可帮助外科医生实现更高程度的手术可视化。

1.3.3　定位全球最大的望远镜

超大望远镜(ELT)或光圈直径≥20m 的望远镜是地面观测天文学研究首选的工具之一。这些望远镜可帮助人们深入研究行星、恒星、黑洞和暗物质等课题,推动天文学的发展。全球最大的光学/近红外望远镜——欧洲超大望远镜(E-ELT)具有直径为 42m 的光圈,用于帮助人们在天文学方面实现突破性的发现,如图 1-15 所示。图中,将两个人和一辆汽车置于 E-ELT 旁边,以直观比较大小。该望远镜的主反射镜的直径为 42m,具有拼合镜面架构。

图 1-15　欧洲超大望远镜

加纳利天体物理学研究所(Instituto de Astrofísica de Canarias,IAC)的科研人员使用图形化系统设计方法开发了 ELT 系统中的电子控制装置和配套嵌入式软件,用于对 E-ELT 主反射镜位置调整执行器原型进行控制和调整。E-ELT 主反射镜由 984 个小镜片组成。每个镜片的旋转必须通过三个位置调整执行器来进行,以补偿重力、温度和风振的影响。镜片必须以纳米级的精度支撑 90kg 的物体移动。图形化系统设计工具帮助该研发团队节省了大量的开发时间,同时还提供了极大的灵活性和实时性能,可满足系统中所有电子装置测量和控制的需求。

1.4　更好的工程实践与科技创新方法——图形化系统设计

图形化系统设计正引领科学技术与工程领域进行前所未有的创新革命。借助这一灵活的方法，工程师不管是从设计到测试，还是从小型系统转移到大型系统，均可重用工具和知识产权（IP）核，以前所未有的速度开发新系统。使用可满足系统从低功率到高性能等各种需求的现成、可自定义硬件对象，降低系统总成本，增加灵活性，并集成新技术。

本章一直在寻找实践科技与工程创新的优秀工具。事实上，到目前为止，我们已经找到一种既包含五大必要元素，且兼具直观、高效、可靠及灵活的设计方法，这就是图形化系统设计的方法，如图 1-16 所示。它将软件和可配置硬件相结合，帮助工程师和科学家加快开发和创新速度。以上提到的所有创新应用，大到观测天体的极大望远镜，小到影响世界起源的极小粒子对撞机，它们采用的图形化系统设计工具完美诠释了图形化系统设计方法，并且指向同一个名字——LabVIEW。

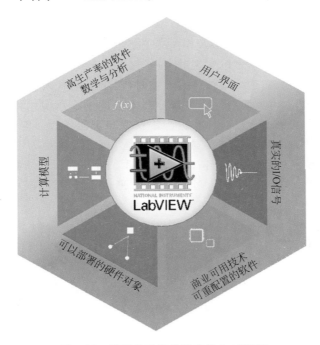

图 1-16　**图形化系统设计方法 LabVIEW**

第2章　LabVIEW和基于项目的学习

> "不闻不若闻之,闻之不若见之,见之不若知之,知之不若行之。学至于行之而止矣。"
>
> ——《荀子·儒效》

西方人用简短的几个词精确地描述了儒家学说对于学习方法的概括:

I hear and I forget;

I see and I remember;

I do and I understand.

听、看、做将学习的程度层层深入,其含义正是本书自始至终倡导的创新实践方法的核心体现。创新光靠听和看是难以实现的,一个又一个业界的工程奇迹无不是通过一次又一次的实践来完成的。在这个"信息爆炸"的时代,学生们有太多的方式获取知识与信息,课堂作为传统教学不可或缺的一环在当今技术条件下不断多元化。对于渴望创新的学生来说,虚拟课堂、网络课堂、社区课堂,都是获取知识的场所。但无论采用哪种形式,学生们都希望将所学知识与概念与真实世界相结合,而不仅仅是为了填满考卷上所有的空格。第1章中找到了一种帮助我们完成高效实践工程与科技创新的工具。在了解这一工具固有优势的基础上,本章将深入探讨如何将图形化系统设计有效地结合到"基于项目的探究型学习"方法当中。

"基于项目的学习"(Project Based Learning,PBL)方法是一种新型的且被证实为有效的授课与学习方法。PBL将学生们需要理解的基本概念与知识内容整合在一起,以一个具体项目的形式呈现在学生面前,项目中的各个组成元素与需要掌握的知识点紧密联系,使学生在完成整个项目的过程中,亲身实践各个组成元素,发现问题,然后结合知识概念,思考问题,以自己的能力解决问题。PBL中最关键的一点是通过技术将枯燥的概念和真实世界的应用项目紧密结合。这些项目应当是有趣的,与实际应用相关联,可引发思考,并且可以实现,令学生们触手可及。

PBL中涉及的项目可以包含不同领域的概念及应用,以便将交叉学科的知识传达给学生,让他们充分运用各个方面的知识解决各类创新难题。

美国国家工程院总结了21世纪人类面临的14大工程挑战,其中包括混合信号测试、电能质量检测、生物医电、水质处理、自然环境监测、楼宇资源监控、虚拟现实、结构健康监测、节能减排、核能工程、太阳能电池板、风能发电、机器人开发以及院校教学,如图2-1所示。历经业界风雨考验近30年的LabVIEW图形化系统设计工具在上述各个领域中树立了众多成功的应用案例,未来的工程师们将会创造更多工程技术领域的伟大奇迹。

图 2-1　21 世纪人类面临的 14 大工程挑战

本章将选取上述 14 个工程挑战中的 3 个方向,在课堂上以项目展示的方式让学生预览他们也可以亲手操作的项目实例。

2.1　展示项目 1——模拟地震——建筑物结构健康监测

【项目目的】　寻找合适的建筑结构来抵御地震。

【项目组成部分】　模拟地震台、监测传感器、数据采集与控制器、地震分析软件、学生实践报告。

【学生在项目中的角色】　地震系统搭建者、建筑结构合理性分析者。

【项目情景】　人工模拟自然地震现象。

【项目产品】　自制迷你地震软、硬件系统。

破坏性的大地震会同时对人的生命和建筑设施造成损害,让人们在情感上和经济上付出惨痛的代价。如果工程师们能了解地震是如何发生的,将会非常有意义。这样,他们就能够设计出更好的建筑结构来抵御地震,保护和保留那些对人们来说珍贵的东西。然而,使用传统技术以及具有成本效益的方式来研究地震是非常困难的。地震模拟器体积庞大,而且通常在经济上不可行。在本项目中,我们使用 LabVIEW 图形化系统设计软件以及基于 NI 数据采集与控制设备的迷你解决方案,介绍地震发生时地震波的基础知识,以及地震波如何传播并影响建筑物的健康状况。学生可以自己动手搭建系统。本节仅展示该系统。

2.1.1　地震波背景知识

地震波是自然发生的。它是低频的声音振动能量波,可以通过多种机制引起,甚至通过人造产生。最常见的地震波来自于地震,但是也可能发生在其他情况下,例如火山爆发或核爆炸。本节探讨的是由地震引起的地震波。地震波可以由不同的传感器,如加速度计或水听器(水下)来测量。这里使用加速度计测量地震波的效果。

地震波根据其传播介质材料的不同产生不同的效果。了解这一点非常重要,因为它会影响建筑物使用材料的选择。一般来说,越有弹性的材料,对地震波的抵抗能力越好。然而,选取材料的时候必须平衡考虑其耐用性,以保证建筑物的安全性。本项目中一个挑战练习的重点就在这一方面,它要求学生使用不同的材料来搭建相同的建筑结构。

地震波分为两种类型:体波和表面波。体波在地球内部传播;表面波沿着地球表面传播,类似水的涟漪。本项目重点讲解体波。

自然界中存在两种体波:一种是主波,又称为 P 波;另一种是次波,也称为 S 波。P 波可以水平或纵向传播。它们可以在任何介质中传播,并且在包括表面波的所有波中是最快的。因为在地震波中,P 波最先抵达建筑物或者测试站点,所以称为主波。

次波或者 S 波只以垂直的方向在大地中传播。它们会造成切向形变。因为水和液体不支持切向形迹,所以 S 波仅能在土地中传播。这种波会在主波之后抵达目的地,所以也称为次波,如图 2-2 所示。

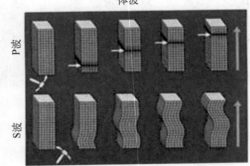

图 2-2　P 波与 S 波的区别

2.1.2　搭建项目实验平台

① 将迷你地震平台(称为 myEarthQuake)放置在水平的平面上,并且清理该区域中任何不需要的物品。

② 将电机的输出引脚与 myEarthQuake 设备的电路板上对应的接头连接起来。

③ 将电缆的另一端与电机相连。

④ 将待测结构放置在平台上。如果能够使用一些小型的物品,例如办公室公文夹等,将结构的底座与平台固定起来,可保证在更宽的地震波振幅范围中进行测量。

⑤ 安装两个加速度传感器,使用纸夹将它们固定在结构上想要测量的两个测试点。最好将其中一个放置在接近底座的地方,另一个放置在接近顶部的地方,测量地震波对两个测试点造成的不同影响。

⑥ 重要:重新检查并固定加速度传感器,在需要的轴上(X、Y 或者 Z 轴)测量加速度。确保两个加速度传感器的连接方式完全相同,以便使用两个加速度传感器进行相关测量。

⑦ 将加速度传感器的接头与对应的 myEarthQuake 电路板上的接头连接起来。确保 Accel A 连接在位置较低的加速度传感器上,Accel B 连接在顶端加速度传感器上。

⑧ 确保 NI 数据采集与控制器(称为 myDAQ)设备连接到计算机上,并可以正常使用(确保该设备正常安装的具体信息,可以参考第 3 章的 3.3 节)。连接完成的系统实物图如图 2-3 所示。

图 2-3 地震台连接图

⑨ 连接 12V 直流电源。

⑩ 运行本书附带光盘中的 myEarthQuake.exe 文件,结果如图 2-4 所示。

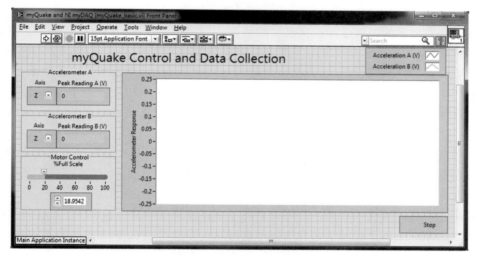

图 2-4 迷你地震台软件界面

⑪ 准备好产生并观察地震波。

⑫ 从 Accelerometer 下拉菜单中选择一个轴向(X、Y 或 Z),然后察波形图上的测量数据,检查测得的值是否来自于指定的轴向。

⑬ 通过拖动 Motor Control 栏中的拉杆控制地震台的震动强弱。

如果目前没有 myEarthQuake 硬件设备,访问 http://u.youku.com/TechInnovator,直接浏览演示视频,或者自行制作简易的迷你地震台。

项目的其他挑战如下:

① 什么是对抗地震波最好的几何结构?

② 尝试使用不同的阻尼材料来减轻地震波的影响。哪种阻尼材料效果最好?为什么?

③ 哪种结构的桥最能承受外力?

在每一种桥倒塌之前,可以在其上放置多大的负载?

④ 建筑物高度与地震抗震度的关系是什么?

若一次地震的地震波具有一定振幅,要保持建筑物不倒塌,可搭建的最大高度是多少?

2.2　展示项目 2——节能环保之热传导

【项目目的】　寻找最能隔热传导的材料,并分析不同材料的特性。

【项目组成部分】　监测温度传感器、温度传感器信号调理模块、数据采集与控制器、隔热分析软件、学生实践报告。

【学生在项目中的角色】　隔热系统搭建者,隔热材料合理选择分析者。

【项目情景】　模拟有效利用能源现象。

【项目产品】　自制迷你隔热材料测试软、硬件系统。

2.2.1　保温技术的背景知识

许多现实世界的工程设计包括温度的测量,以及研究、开发和测试过程中热传导的问题,其中的一个关键问题是有效利用能源。据美国能源部估计,由于质量低劣的保温设备造成的影响,每年会从家庭和企业损失超过 950 万 BTU(英国热量单位),相当于 75 亿加仑汽油产生的能量。在商业楼宇中,热量损失主要是由于蒸汽分配系统中的管道、阀门和其他部件保温性能不佳。因此,科学家和工程师不断开发更好的保温隔热材料,有助于减少家庭、建筑物及其他基础设施的能量损失。

一种突破性的硅基气凝胶材料成为解决这类能量损失的新兴解决方案。气凝胶是一种具有超低密度的柔性材料,与传统保温材料相比,其热效率高 4~5 倍。由于其结构中存在填充有空气的纳米孔隙,所以它具有极高的热阻。美国五角大楼将基于气凝胶的绝缘材料用在现有的墙壁中,使绝热性能提高了 23%,节省 4.19 亿 BTU,并且每年减少 CO_2 排放约 49000 磅。在科学家和工程师进行这一革命性产品的开发和测试过程中,需要完成大量的温度测量和分析。使用气凝胶作为保温材料是一项需要长期应用实践来验证的新兴技术。为了导热材料的进一步发展,工程师们将继续努力。

2.2.2　搭建项目实验平台

在该实验中,观察 3 个不同容器的绝热特性,这与工程师们测试新型材料,例如气凝胶性能的过程类似。

① 将热敏电阻传感器信号调理接口设备(myTemp)与 myDAQ 设备相连。

② 将 myTemp 套件中附带的 3 个 NTC 热敏电阻与前 3 个热敏电阻端口 $T_1 \sim T_3$ 相连,如图 2-5 所示。

③ 确保 myDAQ 设备连接到计算机并可以正常使用(确保该设备正常安装的具体信息,可以参考 3.4 节的内容)。

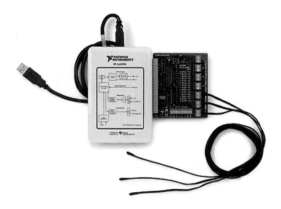

图 2-5　测温硬件连接图

④ 选择 3 种不同类型的饮料容器,如一个纸咖啡杯、一个陶瓷咖啡杯和一个空心的绝热咖啡容器。

⑤ 在 3 个容器中加入足够的热水。

⑥ 将水和容器放到旁边,然后按照下述指示来使用。

⑦ 准备好,开始实验。

⑧ 运行本书附带光盘中的可执行文件 myTemp.exe。

⑨ 在每一个容器中各放入一个热敏电阻,并给每一个容器倒入热水。

⑩ 观察到温度测量值不断上升。

⑪ 运行该软件程序 30 分钟左右。当水温开始下降的时候,观察程序对温度的追踪。哪一个容器的绝热效果更好? 哪一个热量流失最快? 效果最好与最坏的容器在温度变化的整个过程中都是效果最好或者最坏的吗?

⑫ 图 2-6 所示的用户界面展示了测试结果。有空心绝热层的容器一直都是绝热效果最好的。刚开始的时候,纸杯容器的绝热效果比陶瓷杯容器好;随着实验进行,陶瓷杯容器的保温效果逐渐超过纸杯容器。

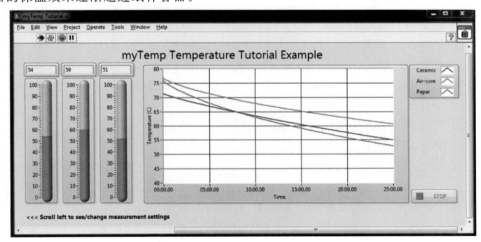

图 2-6　myTemp 温度测量用户界面

如果目前没有 myTemperature 硬件设备,访问 http://u.youku.com/TechInnovator 网址,直接浏览演示视频,或者自行制作简易的迷你测温系统。

2.3 展示项目3——单维度直升机的起飞与降落

【项目目的】 机器人开发之一维自由度直升机。

【项目组成部分】 位置监测传感器、风扇控制信号调理模块、数据采集与控制器、直升机控制与监测软件、学生实践报告。

【学生在项目中的角色】 迷你直升机系统搭建者,直升机系统受力分析者,控制参数调整者。

【项目情景】 模拟一维自由度直升机上升与下降以及维持平衡系统。

【项目产品】 自制迷你垂直起降直升机软、硬件系统。

2.3.1 垂直起飞和降落(myChopper)的背景知识

由于喷气式战斗机从一个地点飞往另一个地点需要机场和跑道的支持,因此很容易受到限制。20 世纪 50 年代,可以垂直起降的飞机用于解决这个问题,因为垂直起降飞机可以悬停、垂直起飞和垂直降落,可以基本上在任何地方飞行,且不需要跑道。这种类型的飞机包括固定翼飞机、直升机和其他具有动力螺旋桨的飞机。

设计垂直起降飞机最大的挑战是要找到并维持一个适当的推力重量比。当飞机起飞的时候,推力矢量向下将飞机推离地面;在正常飞行时,该推力矢量向后。只有当推力重量比大于 1 的时候,飞机才会上升。要使飞机下降,推力重量比必须比 1 小。通过合理控制飞机的推力,来维持其位置并保证它安全地起飞和降落。

2.3.2 搭建项目实验平台

迷你垂直起降系统采用可控风扇来产生单自由度(DOF)装置所需的上升力。风扇的飞行距离通过霍尔效应传感器来测量。

① 将直升机垂直起降设备(myChopper)放置在一个水平平台上。

② 如果设备没有连接好,请从设备臂的一端将其拧入。

③ 将设备连接到 9V 直流电源上,或者安装 9V 直流电池。如果使用 9V 直流电池,请确认电池极性与电池盒中的极性指示吻合。搭建完成的系统实物如图 2-7 所示。

④ 将 myChopper 的电源开关打开。

⑤ 请确保 myDAQ 设备连接到计算机并可以正常使用。

⑥ 对垂直起飞降落目标进行测量和控制。

⑦ 运行本书附带光盘中的 myChopper.exe 程序,打开控制软件界面,如图 2-8 所示。

⑧ 将控制模式(Control Mode)设置为"手动(Manual)"。

⑨ 校准 myChopper 的位置。用手调整 myChopper 设备臂,直到风扇位于水平位置,然后记录传感器当前的读数。

图 2-7 myChopper 搭建实物图

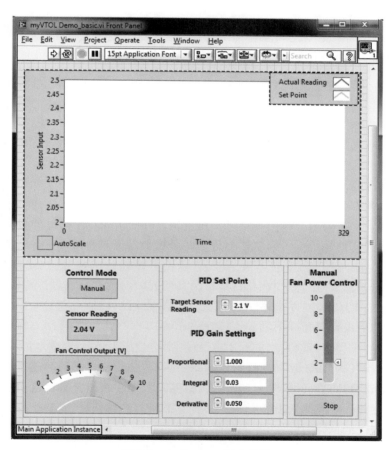

图 2-8 myChopper 用户界面

⑩ 在"传感器目标读数(Target Sensor Reading)"栏输入记录的水平位置读数值,建立系统的目标稳定工作点。

⑪ 通过增加和减小"手动风扇功率控制(Manual Fan Power Control)"值来控制风扇

的转速,直到"实际读数(Actual Reading)"中测量的风扇位置与目标工作点(Set Point)相同。当两个值相同的时候,前面板波形图中的实际读数和目标工作点两条曲线将重合,如图 2-9 所示。

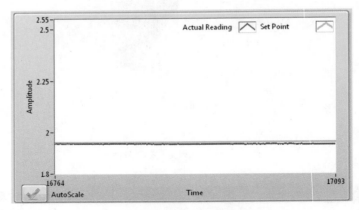

图 2-9　目标工作点以及实际读数

⑫ 通过减小"手动风扇功率控制(Manual Fan Power Control)"值来降低 myChopper 臂直接实际测量值(Actual Reading)。当测量的风扇位置为 0 时,停止。

该系统可用于基础飞行动力学、运动控制和比例-积分-微分(PID)控制等基础工程教学。学生可以直观地理解这些概念,控制系统悬停、垂直起飞和降落,了解与直升机或鹞式喷气机相似的应用。

如果目前没有 myChopper 硬件设备,访问 http://u.youku.com/TechInnovator,直接浏览演示视频,或者自行制作简易的迷你垂直起降系统。

通过上述 3 个实例的互动演示,我们努力将一个个与真实世界相关的实际工程案例"迷你"化。这些项目保留了工程创新环节中必不可少的各种元素,并以尽可能直观的方式呈现给学生。本章的 3 个例子仅是开端,并没有详细讨论各个"工程迷你系统"的硬件和编程细节,而是把注意力集中在项目本身及其研究的问题上。通过这些展示项目,培养学生学习工程技术的兴趣,并提供一些启发,学生完全可以根据对项目应用的理解及自己的知识结构,创造出针对相同问题的不同解决方案。

举例来说,对于材料热传导的研究,测量温度的传感器除了热敏电阻之外还有热电偶;测量地震波不仅可以使用加速度传感器,还可以添加位移传感器。这正是基于项目学习的优势所在,待解决的问题不是仅有一个标准答案,学生可以充分调动解决问题的积极性,发挥创造性思维,在眼见为实的同时,亲身实践并理解各个重要概念。彻底摆脱 I hear and I forget 的同时,让学生 remember,do and understand。

不难发现,本章所有的项目均基于 NI 的数据采集与控制系统 myDAQ 实现,第 3 章将通过不同的项目介绍其强大的功能。这些项目很有趣,与实际应用相关联,可引发思考,并且可实现,令学生们触手可及。

在此之前,我们尝试着再次提炼其共同点,并用交互式的 LabVIEW 工具来展现。这里着重强调三大共同点:获取真实世界的数据,分析原始数据,展示结果。在这个交互式演示中,将初步介绍 LabVIEW(打开本书光盘中的 LV Concept Demo. exe 文件),如图 2-10 所示。

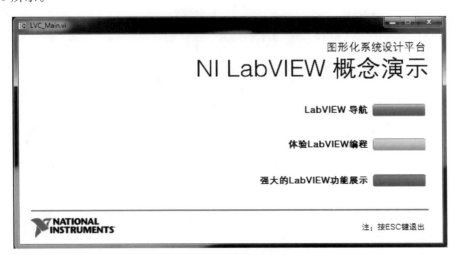

图 2-10　LabVIEW 概念演示用户界面

第3章 把实验室带回家——初识 myDAQ

3.1 未来的工程技术实验室——虚拟仪器技术与图形化系统设计实验室

第 2 章的几个迷你工程项目案例涉及不同的硬件设备。例如,控制直升机上升与下降以及地震台振动时,需要信号发生器输出波形来激励。测量材料温度、直升机姿态、建筑结构振动情况等,需要用示波器观察传感器信号。另外,不同的项目需要不同功率和电压的电源供给。当我们走进传统实验室的时候,上述仪器、设备总让人觉得那么熟悉,几十年如一日,经久不变。但是,请仔细想一想传统实验仪器存在的问题:假设实验室里有 8 种不同的传统仪器,你会发现,它们拥有各自的显示器、供电模块、处理器单元、内存空间和存储器。如果实验室里有 10 套类似的仪器、设备,就会有 80 个显示器、电源、处理器内存和存储器。每一组显示器、电源和处理器的组合只能为 1 台仪器服务,这对于硬件来说是巨大的重复和浪费(见图 3-1)。其次,当我们静静地坐在实验室里录入各种实验数据的时候,你会发现,通过传统仪器手动记录数据是十分烦琐且容易出错的体力活,特别在铺满实验桌的不同传统盒式仪器(box-instrument)操作面板之间来回切换,这对于你的脖子是不小的考验。

我们需要一种仪器技术,它能够将仪器部分按照需求合理整合,高效且灵活,称为“虚拟仪器”技术。说到虚拟仪器,先回顾仪器系统的历史。

仪器系统的发展经历了一段很长的历史。在其早期发展阶段,仪器系统指的是“纯粹”的模拟测量设备,例如 EEG 记录系统或示波器。作为一种完全封闭的专用系统,包括电源、传感器、模/数转换器和显示器等,并且需要手工设置,将数据显示到标度盘、转换器,或者将数据打印到纸张。那时,如果要进一步使用数据,需要操作人员手工将数据复写到笔记本上。由于所有的事情都必须人工操作,所以要对实际采集的数据进行深入分析,或者集成复杂的、自动化的测试步骤,是很复杂,甚至是不可能完成的工作。一直到 20 世纪 80 年代,那些复杂的系统,例如化学处理控制应用等,才不需要占用多台独立台式仪器而连接到一个中央控制面板。这个控制面板由一系列物理数据显示设备,例如标度盘、转换器以及多套开关、旋钮和按键组成,并且专用于仪器控制。

“虚拟仪器技术”这个概念起源于 20 世纪 70 年代末。当时,微处理器技术发展到一定水平,可以通过修改设备软件来轻松地改变设备功能,使得可以在测量系统中运用集成分析算法,那时,传统仪器供应商还在将微处理器和厂商定义的算法嵌入到他们提供的封

传统的实验室

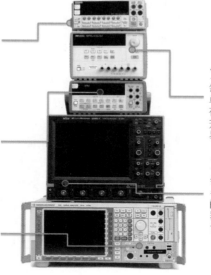

冗余的电源
每一台传统的盒式仪器都需要配备独立的电源来保证正常工作

冗余的内存
每一台传统的盒式仪器都各自单独配备固定大小的RAM内存，无法共享，也难以更换和升级，而这些对通用PC来说易如反掌

冗余的显示器
每一台传统的盒式仪器都需要配备独立的显示器来作为人机界面，一些显示器的技术指标落后

冗余的存储器
每一台传统的盒式仪器为了各自存储独立的数据，必须配备自身独立的非易失存储器，共享不便且成本远高于计算机通用硬盘存储技术

冗余的处理器
通用计算机处理器技术正随着摩尔定律飞速发展，但每一台传统的盒式仪器依旧使用各自独立且封闭的处理器，出厂之后就难以更换，无法与时俱进

图 3-1 传统实验室仪器的严重问题

闭式专用系统中，而一个全新的显示方式已经形成，即打开测量系统，允许用户自定义分析算法并配置数据。于是，虚拟仪器技术的概念诞生了。

虚拟仪器系统在早期面临许多技术上的挑战。那时通用接口总线（GPIB，IEEE 488）是一种标准方式，用于连接仪器和计算机，将原始数据传输到计算机处理器，实现分析功能并显示结果。不过，各仪器厂商都使用各自的命令集来控制自己的产品，同时虚拟仪器技术的编程对于那些习惯用 BASIC 等文本语言来编程的专业人员来说是一个严峻的挑战。很明显，市场需要一种更高层、更强大的工具，但是这个工具到底是什么，当时并不明朗。

转机出现在 1984 年。那一年，苹果公司推出了带有图形化功能的 Macintosh 计算机。较之以往输入命令行，人们通过使用鼠标和图标，大大提高了创造性和工作效率。同时，Macintosh 的这种图形化操作方式激发了 Jeff Kodosky 博士的灵感。

1985 年 6 月，Jeff 领导一组工程师开始了图形化开发环境 LabVIEW 的研制工作，推出 LabVIEW 1.0 版本。在 30 多年后的今天看来，该产品的诞生超越了当时业界的理念，具有深远的前瞻意义。

LabVIEW 有 3 个图形化面板：其一，是前面板，即用户界面，让工程师创建交互式测量程序。这些面板与实际仪器的面板非常相似，也可以按照工程师的思维创新重新定义。其二，是程序框图，即代码，也是图形化界面，其执行顺序由数据流决定，这在软件开发中是至关重要的。最后是函数面板，顾名思义，它包括一系列即选即用的函数库，供用户在测量项目中使用，能够极大地提高工作效率。

初始版本发布后，让 Jeff Kodosky 博士颇感惊喜的是，用户不局限于在测试、测量领域使用该工具,还扩展到控制、建模和仿真领域。对于工程师来说,他们受到 LabVIEW 这一创新工具的启发和鼓舞,因为 LabVIEW 的发布为不同领域的工程师开拓了创新空间,为实现更大规模的应用提供了可能,在此之前,他们从未尝试过这些应用。至此,LabVIEW 确立了在虚拟仪器技术中的基础和核心地位。

在 LabVIEW 发展的同时,其他重要技术也迅猛发展。1990 年微软公司发布了 Windows 3.0 图形化操作系统,处理器和半导体行业也开始蓬勃发展。在其后的 20 年间,PC 行业呈指数级增长。例如,目前的 3GHz PC 用来进行复杂的频域和调制分析,用于通信测试。回到 1990 年,用当时的 PC(Intel 386/16)处理 65000 个点的 FFT(快速傅里叶变换,用于频谱分析)需要 1100s,而现在使用 3.4GHz P4 计算机完成相同的 FFT 只需要约 0.8s。相应地,硬盘、显示器和总线带宽的性能不断提高。新一代高速 PC 总线——PCI Express 能提供高达 3.2GB/s 的带宽,从而可以基于 PC 架构实现超高带宽的测量。同样地,半导体行业不断推动技术进步,制定商业化 ADC 和 DAC 标准,使得这些技术可以像在传统仪器上使用一样,在模块化仪器上应用,使开放的平台具备更多的优势。在用户需求改变的情况下,终端用户无须替换整个系统,就可以实现元件升级,并拥有自定义配置功能。

技术发展到这一步,虚拟仪器技术不再单纯是一个概念性的名词,而是成为一个实际可行的解决方案,并且可以用图形化的方式去设计系统,不但为用户带来广泛的灵活性和可扩展性,而且节约了成本。

一定会有人问:虚拟仪器与传统仪器到底有何不同?

传统仪器和基于软件的虚拟仪器拥有很多相同的架构组件,但理念完全不同,虚拟仪器的功能是由用户定义的;而传统仪器的功能是固定的,由仪器厂商定义,如图 3-2 所示。

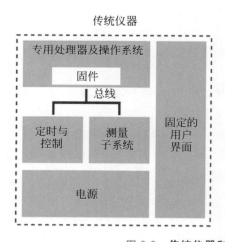
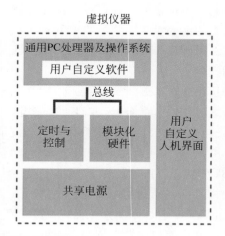

图 3-2　传统仪器和基于软件的虚拟仪器

每台虚拟仪器都由软件和硬件两部分组成。相对于功能类似的传统仪器,虚拟仪器有一定的标价,对于当前的测量任务来说,很多时候更为经济。更重要的是,从长远来看,当改变测量任务时,由于虚拟仪器更加灵活,其成本优势更加明显。

因为不使用供应商定义、预先打包集成的软件和硬件，工程师和科学家们拥有最大限度的用户定义灵活性。传统仪器为将所有的软件和测量电路打包成一个产品，使用仪器前面板列出的有限的固定功能。虚拟仪器提供了完成测量或控制任务所需的所有硬件和软件。此外，使用虚拟仪器，工程师和科学家们可以通过高效、强大的软件自定义采集、分析、存储、共享以及演示功能。下面是这种灵活性在实践中的一些范例。

（1）一项应用，多个设备。举一个例子，一位工程师正在实验室中使用 LabVIEW 和台式计算机中 PCI 总线上的数据采集设备（PCI 接口 DAQ 设备）创建一个直流电压和温度测量应用。系统完成后，他需要将应用程序部署到制造车间的工业采集设备（PXI 系统）中，对新产品进行测试。另外，他可能需要将此应用拓展为便携式的，所以他选择了USB 总线接口的数据采集设备（USB DAQ 设备）。在该例中，无论如何选择，在 3 种应用方式中，他都可以使用一个项目的虚拟仪器，无须改变代码，如图 3-3 所示。

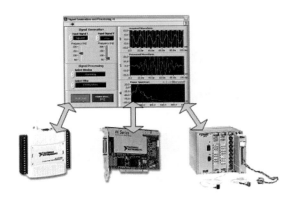

图 3-3　当对许多设备使用相同的应用程序时，更新硬件非常容易

（2）多项应用，一个设备。再看另一位工程师的例子，她刚刚完成了一个项目，使用新的 PCI 接口 DAQ 设备和正交编码器测量电机位置。下一个项目是监控和记录同一个电机消耗的功率。尽管任务不同，仍然可以重复使用相同的 PCI 接口 DAQ 设备。她需要做的就是用虚拟仪器软件开发新的应用程序。此外，如果有需要，这两个项目可以组合成为一个应用程序，并在同一个 PCI 接口 DAQ 设备上运行，如图 3-4 所示。

既然虚拟仪器有这么多优点，在实际的工程创新和实践中，它和传统仪器是否兼容并广泛应用呢？

事实上，许多工程师和科学家在实验中同时拥有虚拟仪器和传统仪器。

虚拟仪器与传统仪器是兼容的，且几乎无一例外。虚拟仪器软件通常提供常规的仪器总线接口函数，例如 GPIB、串口、USB 或者以太网等。

如果想要在图形化系统设计软件中访问传统仪器，最好的答案在 ni. com/idnet 上，超过 9000 多种仪器驱动（包括传统仪器及虚拟仪器）程序可以从这个网站找到。仪器驱动提供了一组高层的、可读的函数，用于与仪器交互。每个仪器驱动都专门针对特定模式的仪器定制，为其独特的功能提供一个接口。所以，可以通过编程的方式灵活地操控不同的设备。

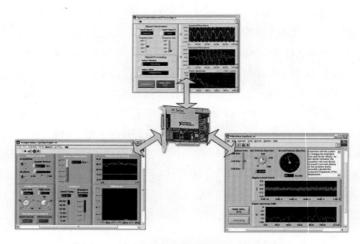

图 3-4　对多个应用重用硬件，以降低成本

本节简单地回顾了实验室仪器设备的历史，从图 3-5 可以看到，从 1920 年的真空管技术仪器到 1965 年的半导体技术仪器，再到 21 世纪以软件为核心的模块化虚拟仪器技术，实验室的创新工具发生了革命性的变化。作为学生，很难做到将复杂、笨重的传统盒式仪器搬出实验室，在不受时间和空间限制的基础上开展创新项目。但是虚拟仪器可以做到。本章将介绍结合最新虚拟仪器技术以及图形化系统设计方法的实验室创新工具——myDAQ。

仪器的演进

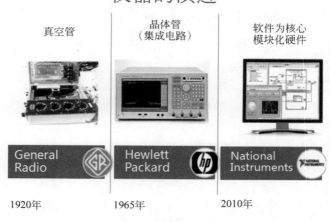

图 3-5　仪器的演进

3.2　认识 myDAQ，将"实验室"带回家

myDAQ 是 my Data Acquisition（DAQ）设备的简称，从名字就可以看出，是专为学生量身订制的，属于学生自己的 DAQ 数据采集设备。事实上，myDAQ 不仅仅是一款普

通的数据采集设备。在 myDAQ 上集成了 8 种常用的基本仪器及丰富的输入/输出接口，如图 3-6 所示，包括数字万用表、双通道示波器、函数发生器、波特图仪、频谱分析仪、任意信号发生器、数字输入与输出接口。学生可以使用隔离的 3 位半数字万用表来测量基本的电压、电流、电阻与二极管参数，使用函数发生器产生自定义激励信号，使用示波器观察信号的细节，使用频谱分析仪获取、分析并提取信号特征，使用任意信号发生器完成自定义模拟量控制输出，使用数字生成与采集器完成数字量的输入与开关量的控制。学生除了可以像使用传统仪器那样轻松地使用 myDAQ 上的 8 种仪器，还可以通过基于 LabVIEW 的软件编程接口（DAQmx 与 ELVISmx 驱动 API）灵活组合，调用 myDAQ 上的各种硬件资源，将模拟输入/输出接口，数字输入/输出接口、计数器硬件、3.5mm 标准音频输入/输出接口，甚至板上电源灵活组合，针对不同的创新实践应用制定不同的组合解决方案。

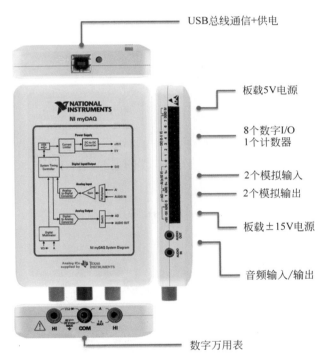

图 3-6　myDAQ 设备概览

　　myDAQ 设备通过 USB 总线与计算机通信，依靠 USB 总线供电。拿着一本汉语小词典大小的 myDAQ，学生可以将小"实验室"带回家；甚至只要一根 USB 连线、一台个人计算机，就能在任何时间、任何地点实践自己的工程创新想法，将理论化为现实，如图 3-7 所示。

　　本章将从打开 myDAQ 设备包装开始，由浅入深地介绍使用 myDAQ 设备的方法，为以后实现创新项目奠定基础。

图 3-7　一台 PC＋一个 myDAQ＋任意传感器＝学生无穷的创意

3.3　一步一步设置 myDAQ

3.3.1　NI myDAQ 装箱内容

打开 NI myDAQ,看到的第一件物品就是使用指南。它将指导用户安装软件及配置 NI myDAQ 硬件,并且协助用户完成首次测量。它同时包含 NI myDAQ 上的各种信号连接信息,分别如图 3-8 和图 3-9 所示。

图 3-8　NI myDAQ 使用指南(正面)

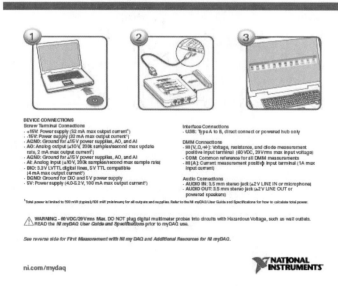

图 3-9　NI myDAQ 使用指南（背面）

接下来，找到 NI myDAQ 设备。保存好托盘及外盒，用于存放 NI myDAQ 及相关附件；还可以在托盘右侧放一块面包板。

取出托盘，确保有以下物品。

① NI myDAQ 软件套件 DVD、USB 线缆；

② 数字万用表（DMM）表棒；

③ 3.5mm 音频线；

④ NI 螺丝刀；

⑤ 螺钉接线端连接器。

3.3.2　软件安装

开始使用 NI myDAQ 之前，用户需要先从 NI myDAQ 软件套件 DVD（在盒子里）中安装必要的软件。将 DVD 插入计算机并按照屏幕指示操作，如图 3-10 所示。注意，安装过程可能需要 20～40 分钟。

如果没有该光盘，可以从下述地址搜索并下载软件。

① LabVIEW 图形化系统设计软件（www. ni. com/trylabview）；

② Multisim 电路设计与仿真软件（ni. com/multisim/try/zhs/）；

③ ELVISmx 驱动程序（myDAQ 连接至上述两款软件的驱动程序，可直接在 ni. com 搜索 ELVISmx 4.4）。

按照①→②→③的顺序安装。

图 3-10　将配套光盘放入光驱安装软件

3.3.3　硬件设置

软件安装完毕，配置 NI myDAQ 硬件。将螺钉接线端连接器连接到 NI myDAQ，必须牢固对接，以保证可靠的信号连接。将 USB 连接线的一端连接到 NI myDAQ，并将另一端连接到计算机，如图 3-11 所示。连接完成后，myDAQ 上的蓝色 LED 将被点亮，指示设备正常供电。

3.3.4　NI ELVISmx 仪器软面板启动窗

当 NI myDAQ 连接到计算机之后，NI ELVISmx 仪器软面板启动窗（ELVISmx Instrument Launcher）出现在屏幕上，如图 3-12 所示。仪器软面板启动窗使用户可以轻松访问 8 种不同的 NI ELVISmx 虚拟仪器。这 8 种仪器是实验室常用仪器的计算机版本。

图 3-11　完成信号及端子连接

图 3-12　NI ELVISmx Instrument Launcher 界面

3.3.5　通过 MAX 确认设备正常连接并识别

接下来，需要通过一个步骤确认计算机上的驱动程序是否正确识别到通过 USB 连接的 myDAQ 设备。在"开始"菜单→"所有程序"→"National Instruments"下有一个图标为蓝色地球状，软件名为 Measurement & Automation Explorer（MAX），所有连接到 PC 的 myDAQ 设备都应当出现在这个设备配置软件中。所以，每当在硬件上连接设备之后，都可以在 MAX 中确认其工作状态。单击并打开 MAX，如图 3-13 所示，在其左侧树形目录的"设备与接口"列表中将出现当前正确连接到 PC 的 myDAQ 设备。

如果 myDAQ 被正确连接并识别，其左侧图标呈现绿色。右击该正确连接的 myDAQ 项，然后选择"重命名"，为 myDAQ 设备设置唯一的识别名。当一台 PC 同时连接多台 myDAQ 设备时，通过不

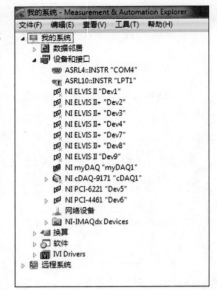

图 3-13　MAX 中"我的系统"

同的设备名识别的 myDAQ 设备。

设置完成之后,选中"设备和接口"列表下当前正确连接的 myDAQ 设备,如图 3-14 所示,在窗口中间偏上位置选择"自检"。系统将对当前选中的 myDAQ 设备做初步的硬件检查,以及与计算机通信的检查。

正常情况下,设备将通过自检。如果自检失败,请咨询设备供应商。

图 3-14　MAX 中的"自检"按钮

在图 3-14 中有一个"测试面板"按钮,单击它,可以快速访问 myDAQ 的各种硬件资源并测试其有效性。

至此,成功地设置了 myDAQ 设备,并搭建好软、硬件环境。

3.4　使用 myDAQ 上的 8 个硬件仪器(myDAQ 使用方法 1)

如果读者有正在实践的创新项目,在调试和测试项目硬件时一定需要不同的实验室硬件仪器。在这种情况下,myDAQ 上集成的 8 种硬件仪器可以马上使用。本节将介绍这 8 种仪器及其对应的软面板。

4.3 节已经将 ELVISmx 仪器启动窗(ELVISmx Instrument Launcher)在计算机桌面打开。如果启动窗关闭后需要重新打开,执行"开始"菜单→"所有程序"→"National Instruments"→"NI ELVISmx for NI ELVIS and NI myDAQ"→"NI ELVISmx Instrument Launcher"。

在仪器启动界面中,有 12 种基于 LabVIEW 的软件定义硬件仪器。由于 myDAQ 上只含有其中 8 个仪器的硬件,所以有 4 个仪器图标呈灰色,无法使用,如图 3-15 所示(NI ELVIS 包含所有 12 种仪器硬件,但不属于本书的介绍范围)。

图 3-15　NI ELVISmx 仪器启动界面

下面介绍 8 种即插即用的 myDAQ 仪器。

1. myDAQ 数字万用表(DMM)

NI ELVISmx 数字万用表(DMM)控制 NI myDAQ 中的基本 DMM 功能,实现电压(直流和交流)、电流(直流和交流)和电阻测量,二极管测试,以及蜂鸣导通测试。

单击仪器启动窗最左端的 DMM 图标,打开如图 3-16 所示的数字万用表仪器软面板。之所以称其为软面板,主要因为该面板是通过 LabVIEW 图形化系统设计软件编写的。它通过软件,定义了硬件万用表的各种功能,用起来的感受与传统仪器几乎一致,方便快捷;唯一的不同是在传统仪器中,用户是用手按压面板上的按键,这里是通过鼠标单击按钮完成配置与测试。也就是说,通过 ELVISmx 仪器软面板,可以完全实现传统仪器的所有功能。

myDAQ DMM 的软面板分为 3 部分:最上面是仪器测试结果显示,中间是测量参数设置（Measurement Settings），最下方是仪器控制（Instrument Control）部分。

在测量参数设置（Measurement Settings）部分，如图 3-17 所示，可以自由选择将要完成的测量类型、量程范围以及相对模式测量开关。更为智能的是，当用户选择不同的测量类型之后，右侧的香蕉线连接器显示窗（Banana Jack Connections）中会对应显示当前测量类型需要完成的香蕉线连线模式。香蕉线连接头位于 myDAQ 设备的底部。

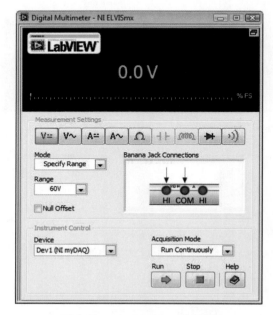

图 3-16　myDAQ DMM 前面板

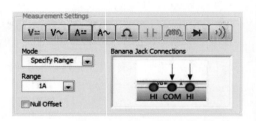

图 3-17　DMM 的测量参数设置（Measurement Settings）部分

在可选择的测量模式中，包含直流电压、交流电压、直流电流、交流电流、电阻、二极管及通断测试。电容挡和电感挡呈现灰色，因为 myDAQ 硬件不支持这两类对象的测量。如果模式选择（Mode）下拉框被选择为 Specify Range 模式，在 Range 下拉框中可以选择相应的测量量程范围。如果 Mode 被选择为"Auto"，Range 对话框将自动变灰，myDAQ将自动选择量程。

各个测量模式的量程范围及挡位如下所示。

① 直流电压：60V、20V、2V 和 200mV。

② 交流电压：20V、2V 和 200mV。

③ 直流电流：1A、200mA 和 20mA。

④ 交流电流：1A、200mA 和 20mA。

⑤ 电阻：20MΩ、2MΩ、200kΩ、20kΩ、2kΩ 和 200Ω。

⑥ 二极管：2V 范围。

⑦ 通断测试：模式（Mode）必须设置为"Auto"，量程（Range）不可选。

零点偏置（Null Offset）是被用来进行相对测量的开关。当这个复选框被选中之后，接下来所有的测量值都将以该复选框选中后的第一次测量值作为参考基准点。该基准点将被存储在计算机内存当中，直到 DMM 软面板被关闭。

在仪器控制（Instrument Control）部分，如图 3-18 所示，可以在 Device 下拉列表中选择要测量的 myDAQ 硬件设备，确定测量单点（Run Once）还是连续测量（Run Continuously）。这一部分提供了"开始（Run）"测量按钮、"停止（Stop）"按钮以及"在线帮助（Help）"按钮。

下面通过 myDAQ 的数字万用表采集电池的电压信号。

为了测量，需要 NI myDAQ、USB 电缆、DMM 表棒以及 1 节电池（如 1 节 AA 电池或者 AAA 电池）。

如图 3-19 所示，将红色 DMM 表棒连接至 NI myDAQ 的 HI V 输入接头，将黑色 DMM 表棒连接到 myDAQ 的 COM 输入接头。确保 myDAQ 通过 USB 连线连接到计算机，并且仪器启动窗口被正确打开。

图 3-18　DMM 软面板的仪器控制（Instrument Control）部分

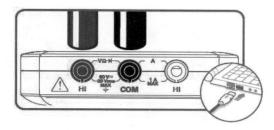

图 3-19　myDAQ 数字万用表表棒连接

在打开的 ELVISmx DMM 数字万用表软面板中，在左下角的"设备名称"下拉列表选择在 MAX 中设置的设备名，如图 3-20 所示，这里选择"Dev1（NI myDAQ）"；或者 NI myDAQ 在计算机上显示的名称。接下来，将电压量程范围调整为 20V 或者任何一个高于所要测量电压值的量程挡位。针对此次测量，所有其他设置都使用默认值，所以不需要更改其他配置内容。为了安全起见，请确保测量类型选择为"DC 电压（DC Voltage）"，模式选择为"指定量程（Specify Range）"，采集模式为"连续采集（Run Continuously）"。

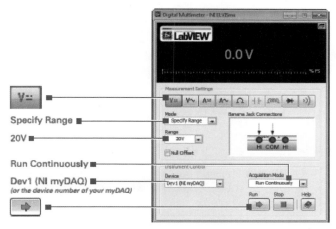

图 3-20　myDAQ DMM 软面板配置

完成选项配置之后,单击 DMM 软面板下方的绿色箭头按钮。将红色 DMM 表棒与电池的正极接触,同时将黑色 DMM 表棒与电池的负极接触。计算机上的 DMM 仪器软面板将显示当前电池的电压。例如,1 节 AAA 电池的测量读数应当是 1.5V 左右。单击"停止(Stop)"按钮结束测量。

至此,我们成功使用 NI myDAQ 上的数字万用表完成了第一次测量任务。测量所得的电池电压值是否低于其标称电压值? 如果是,为什么?

2. myDAQ 示波器（OSC）

可以借助 myDAQ 的双通道示波器（OSC）采集两路模拟信号。单击 Instrument Launcher 上的 OSC 图标,打开如图 3-21 所示的 OSC 示波器软面板。

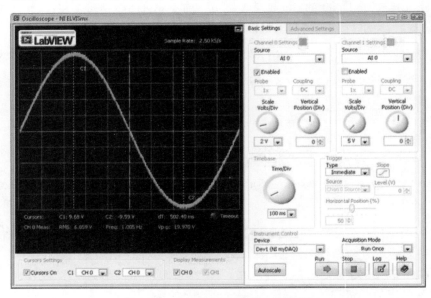

图 3-21　myDAQ 示波器 OSC 软面板

1）通道设置（Channel Settings）

OSC 软面板上对于两个不同的示波器通道提供了设置缩放（Scaling）及位置（Position）旋钮。信号输入通道可以是模拟输入 0 通道（AI 0）、模拟输入 1 通道（AI 1）、音频输入左声道（AudioInput Left）或音频输入右声道（AudioInput Right）。两个 AI 通道（AI 0 和 AI 1）是差分模拟输入通道,其物理接口位于 myDAQ 的侧面,分别以 AI 0＋、AI 0－和 AI 1＋、AI 1－标识。音频输入左声道及音频输入右声道物理接口集成在 3.5mm 音频插口中,同样位于 myDAQ 的侧面,如图 3-22 所示。

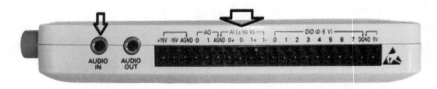

图 3-22　myDAQ 示波器 OSC 物理连接通道

值得注意的是,对于 myDAQ 上的示波器采集通道,在同一时刻只能从 AI 通道或者音频输入通道采集数据,不能同时使用 AI 和音频输入通道采集数据。举例来说,OSC 不能同时使用模拟输入 AI 0 以及音频输入右声道采集信号。

单击通道 0 或者通道 1 中的“使能(Enable)”复选框启用该通道,如图 3-23 所示。使能框下方的测量探针(Probe)设置始终为“1X”,意味着对于 myDAQ 设备来说,硬件上只支持 1X 模式。当选择通道源为 AI 0 或者 AI 1 时,下方的耦合模式(Coupling)选项将固定为 DC,即直流耦合(DC);选择通道源为音频输入通道时,下方的耦合模式(Coupling)将固定为交流耦合(AC)。myDAQ 上的硬件固化了不同通道下的耦合模式,无法修改。

在耦合模式下方,每个通道都有各自的缩放及垂直偏置旋钮,其可选项如下所示。

(1) 缩放(伏特/格):5V、2V、1V、500mV、200mV、100mV、50mV、20mV 和 10mV(使用 AI 通道时);1V、500mV、200mV、100mV、50mV、20mV 和 10mV(使用音频输入通道时)。

(2) 垂直偏置:在−5～+5 格范围内以 1% 在垂直位置步进调整。

2) 时基设置(Timebase)

在通道设置下方,OSC 提供了一个可调整的示波器时间基准(时基),如图 3-24 所示,允许在水平轴上调整波形的时间维度显示。通过调整每一个显示格代表的时间长度,在时间轴上缩放采集到的信号。

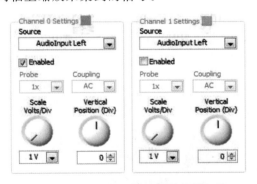

图 3-23　OSC 软面板的通道设置部分

图 3-24　示波器时间基准设置旋钮

每个示波器横向格代表的时间基准为 200ms、100ms、50ms、20ms、10ms、5ms、2ms、1ms、500μs、200μs、100μs、50μs、20μs、10μs 和 5μs。

3) 触发设置(Trigger)

在触发设置区域,OSC 可以被配置为立即触发或是边沿触发。当设置为立即触发时,OSC 将马上开始采集波形。当设置为边沿触发时,需要通过单击“斜率(Slope)”按钮确定当前捕获的是正斜率(上升边沿)还是负斜率(下降边沿)。“触发源(Source)”下拉框提供了不同种类的触发信号源。“触发电平(Level)”用来设置捕获的触发电压阈值信号。“水平位置(Horizontal Position)”拉杆用于调整被触发采集后的信号应该显示在示波器的哪个水平位置上。触发相关设置部分如图 3-25 所示。

4) 游标设置(Cursor Settings)

myDAQ OSC 提供了 2 个独立的游标用于精确标定波形参数。单击并选中打开“游标(Cursor On)”复选框,打开游标显示。使用 C1、C2 右侧的下拉列表选择游标追踪的通道,如图 3-26 所示。可通过鼠标拖曳 OSC 上的黄色点状线移动游标。游标追踪波形的相关信息及两个游标之间的时间差值将实时显示在 OSC 软面板的下方。

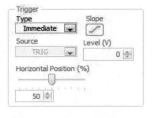

图 3-25　触发设置选项

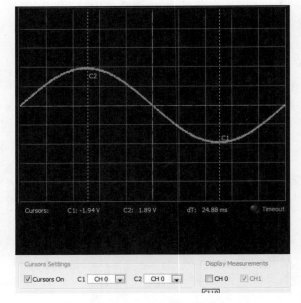

图 3-26　游标设置选项

5）显示测量结果（Display Measurements）

myDAQ 的 OSC 支持实时显示信号测量结果，选中"Display Measurements"复选框之后，对应通道信号的 RMS、频率以及峰-峰值测量结果将实时显示在 OSC 软面板下方，如图 3-27 所示。

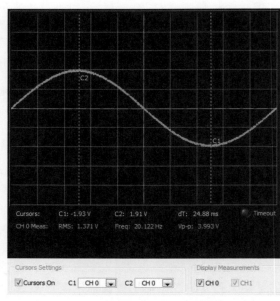

图 3-27　示波器测量结果显示

6）仪器控制（Instrument Control）

OSC 的仪器控制部分与 DMM 相仿，只是多出了"Autoscale"以及"Log"按钮。前者可以自动根据当前采集的波形幅度及频率合理显示，后者可以将当前采集到的信号保存到计算机，如图 3-28 所示。

3. myDAQ 函数发生器（FGEN）

ELVISmx 的函数发生器（FGEN）能够从 myDAQ 产生正弦波、三角波及方波信号。FGEN 允许用户根据需要调整信号频率、幅度、DC 偏置占空比及提供扫频功能。

图 3-28　示波器仪器控制部分

发生器的信号从 myDAQ 侧面的模拟输出通道 0（AO 0）输出，使用模拟地 AGND 作为参考地。其仪器软面板如图 3-29 所示。

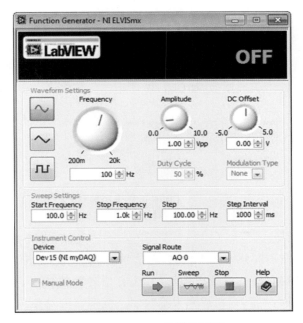

图 3-29　FGEN 仪器软面板

1）波形设置（Waveform Settings）

FGEN 的软面板波形设置区域左侧的 3 个按钮分别用于设置输出正弦波、三角波及方波，右侧的一系列旋钮用于配置信号的频率、幅度、直流偏置、占空比及信号调制种类。其中，占空比选项仅在输出方波的时候才能够调整，如图 3-30 所示。

调制种类选择框对于 myDAQ 来说始终是灰色的，即 myDAQ 不支持此项功能。

2）扫频设置（Sweep Settings）

通过设置扫频的开始频率、截止频率、频率和频率之间的频差以及切换时间，FGEN 可以按照上述参数输出连续变化的扫频信号，如图 3-31 所示。当需要输出扫频信号时，单"运行（Run）"按钮右侧的"扫频（Sweep）"按钮。

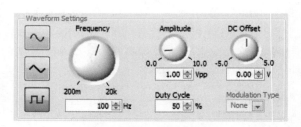

图 3-30　FGEN 的波形设置部分

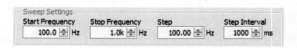

图 3-31　扫频部分设置

3）仪器控制（Instrument Control）

FGEN 仪器控制部分的功能与 DMM 及 OSC 类似，不同之处仅在于 Sweep 扫频按钮以及 Signal Route。前者已经解释过；后者对于 myDAQ 而言，只能设置为 AO 0，即从模拟输出通道 0 端口输出函数波形，如图 3-32 所示。

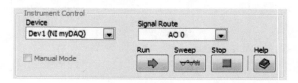

图 3-32　FGEN 仪器控制部分

4. myDAQ 波特图仪（Bode）

若需要查看电路在不同频率点工作时，对信号的幅度和相位将产生何种影响，需要借助波特图仪。波特图仪应具备信号扫频功能，还有信号采集功能。myDAQ 中的波特图仪利用了 OSC 及 FGEN 的扫频功能来表示幅度—频率响应及相位—频率响应。其设置界面如图 3-33 所示。

1）测量设置（Measurement Settings）

波特图仪上的设置包含如下内容：用于采集 FGEN 信号的激励通道（Stimulus），用户采集电路输出端信号的响应通道（Response Channel），类似于 FGEN 中扫频设置的扫频开始频率（Start Frequency）、截止频率（Stop Frequency），每过十倍频程扫描的点数（Steps）及 FGEN 输出的峰值信号幅度。另外，需要根据当前电路运算放大器的信号极性设置 Op-Amp Signal Polarity 为"正常（Normal）"或"反转（Inverted）"，如图 3-34 所示。

在进行波特图分析时，物理连线应遵循下述规则：将 FGEN 的输出端连接到所选择的激励通道（Stimulus Channel），将电路输出连接到设置的响应通道（Response Channel）。

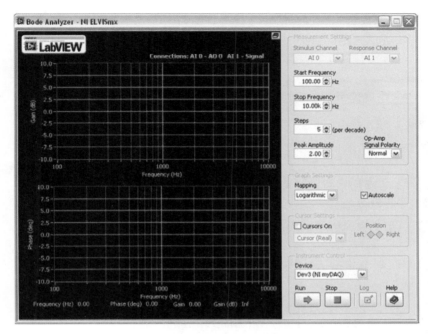

图 3-33　波特图仪软面板

2）绘图设置（Graph Settings）

波特图仪绘图设置允许将最终的输出曲线显示为对数（Logarithmic）或者是线性（Linear）形式。另外，还设置了"Autoscale"复选框，允许用户打开或关闭自动尺度缩放显示功能，如图 3-35 所示。

3）仪器控制（Instrument Control）

波特图仪仪器控制部分的内容与上述仪器类似，如图 3-36 所示，不再赘述。

图 3-34　波特图仪的测量设置部分

图 3-35　绘图设置

图 3-36　波特图仪的仪器控制部分

5. myDAQ 频谱分析仪（DSA）

myDAQ 的频谱分析仪（动态信号分析仪 DSA）通过计算某单一通道上信号的有效平均功率谱分布来展示动态信号的频谱信息。一系列加窗和平均模式可以被加载到待测信号上。同时，DSA 提供了峰值频率分量检测及预估实际频率及其功率大小的功能。其仪器软面板如图 3-37 所示。

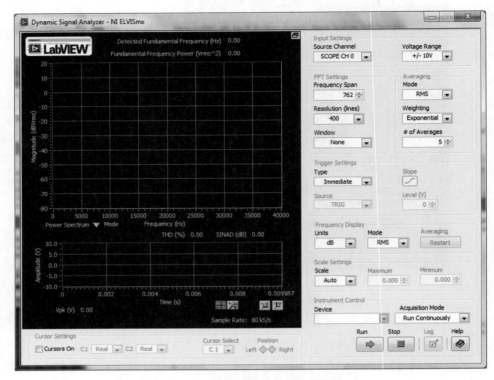

图 3-37　myDAQ 频谱分析仪软面板

1）输入设置（Input Settings）

DSA 的输入设置部分需要用户配置待分析信号加载的 myDAQ 物理通道及输入信号的幅值范围，如图 3-38 所示。

2）快速傅里叶设置与信号平均（FFT Settings and Averaging）

DSA 的快速傅里叶变换（FFT）及信号平均（Averaging）设置选项允许用户针对待分析信号定制不同的 FFT，并且对信号进行特殊平均处理，如图 3-39 所示。

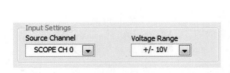

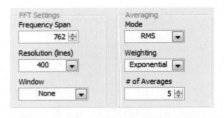

图 3-38　myDAQ 频谱分析仪输入参数设置　　图 3-39　频谱分析仪信号处理设置选项

"信号频率范围（Frequency Span）"确定测量范围是从直流到该框内的指定值；"分辨率（Resolution）"指定了时域信号记录的长度以及采集的信号采样点数；"窗函数（Window）"选项提供了 9 种不同的窗函数。

3）触发设置（Trigger Settings）

DSA 在 myDAQ 设备上暂不支持配置触发功能，所以其设置如图 3-40 所示，为灰色状态。

4）频率显示及缩放设置（Frequency Display and Scale Settings）

DSA 的这一部分设置如图 3-41 所示允许用户定制显示的波形。可以调整的参数包括幅度轴向的显示单位（dB、dBm、Linear）、显示模式以及缩放的最大值和最小值。

图 3-40　触发配置为灰色

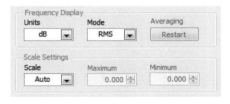

图 3-41　DSA 的幅度缩放设置

DSA 的光标设置以及仪器控制部分非常直观，在此不一一介绍。

6. myDAQ 任意信号发生器（ARB）

myDAQ 上的任意信号发生器（Arbitrary Waveform Generator，ARB）可以借助模拟输出通道 0（AO 0）和模拟输出通道 1（AO 1）输出任意模式的模拟信号。ARB 还自带了一个波形编辑器，方便用户自由编辑想要通过硬件输出的信号波形及组合。其仪器软面板如图 3-42 所示。

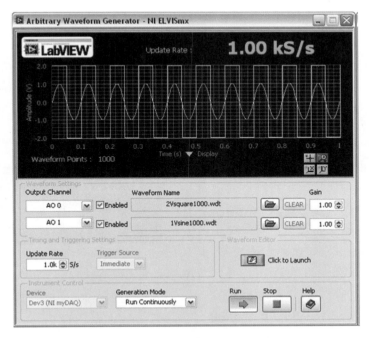

图 3-42　任意信号发生器的软面板

1）波形设置（Waveform Settings）

波形设置部分允许用户为不同的输出通道配置相应的信号波形文件。myDAQ 会根据波形文件中描述的波形信息从硬件上输出该波形。通过勾选相应输出通道的"使能（Enabled）"复选框启用该输出通道。在最右侧，还可以为输出波形设置增益（Gain，即放大倍数），如图 3-43 所示。

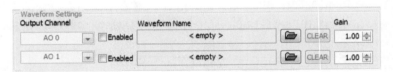

图 3-43　波形设置选项

2）定时和触发设置（Timing and Triggering Settings）

ARB 的定时和触发设置需要用户给出产生信号的更新率。更新率是指每秒钟由模拟输出通道产生的信号波形点数。例如，1kHz 的更新率表示每一秒由 ARB 向外产生的

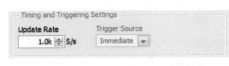

图 3-44　ARB 定时和触发设置

信号由 1000 个离散的采样点构成。更新率越高，每秒产生的信号点越多，信号在时间轴上的信息越丰富。另外，可以通过 Trigger Source 设置输出触发源，如图 3-44 所示。

3）波形编辑器（Waveform Editor）

ARB 中自带的波形编辑器允许用户根据需要自己设置、拼接合成需要的各种波形。单击波形编辑器区域的 ⬛ Click to Launch 图标启动波形编辑器。

4）仪器控制（Instrument Control）

ARB 的仪器控制部分和 OSC 类似，这里不再赘述。

7. myDAQ 数字信号采集器（DigIn）

myDAQ 数字信号采集器用于采集外界的数字开关信号。其软面板如图 3-45 所示。

1）DigIn 显示窗口（Display Window）

在显示窗口中可以看到当前连接到 myDAQ 数字端口上各个数字信号的电平情况。如果某个引脚信号处于 2～5V，该引脚对应的显示窗口圆形小灯将处于点亮状态；反之，如果引脚信号处于 0～0.8V，对应的圆形小灯将处于暗淡状态。在小灯队列的右上方有一个以十六进制显示的数字。例如图 3-46 中的第 7、5、4、2、1、0 号灯处于点亮状态，那么 8 个小灯的二进制显示为 10110111，十六进制显示为 0xB7。

2）设定配置（Configuration Settings）

"设定配置"下拉框允许用户将 8 个数字 I/O 中的低 4 位、高 4 位，或者所有 8 位设置为输入采集状态，对应的可选项分别为 0～3、4～7 和 0～7。

图 3-45　DigIn 软面板

需要注意的是，一旦某几位数字端口被设置成数字输入状态，这些端口的资源将被 DigIn 占用，意味着无法同时被 myDAQ 的数字信号输出器（DigOut）使用。所以，如果要使 myDAQ 既能完成数字采集，又能完成数字输出，应将低 4 位分配给数字输入（或输出），并把高 4 位分配给输出（或输入），如图 3-47 所示。

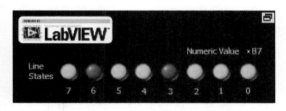

图 3-46　DigIn 显示窗口

图 3-47　数字 I/O 配置选项

DigOut 的仪器控制（Instruments Control）部分和前述仪器类似，此处不再赘述。

8. myDAQ 数字信号发生器（DigOut）

DigOut 允许通过 myDAQ 上的数字 I/O 端口输出数字电平信号。其软面板如图 3-48 所示。

1）显示窗口（Display Window）

显示窗口指示了当前由 myDAQ 输出的数字引脚上的电平值情况。如果某个引脚的电平被拉高至 3.3V，其对应的圆形指示灯被点亮。如果引脚输出电平为 0，其对应的小灯处于暗淡状态。与数字信号采集器（DigIn）一样，在小灯队列的右上方有相应的十六进制输出显示，如图 3-49 所示。

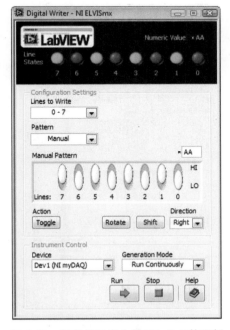

图 3-48　数字信号发生器（DigOut）软面板

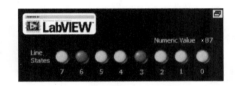

图 3-49　DigOut 显示窗口（Display Window）

2）设定配置（Configuration Settings）

在设定配置区域的最上方，与 DigIn 类似，需要设置哪些数字口为输出状态。可以设置为低 4 位输出、高 4 位输出，或全部输出。同样地，如果某几位被设置成输出状态，这几位数字端口不能再被 DigIn 使用。

如图 3-50 所示"Pattern"下拉框提供了"手动（Manual）"、"斜坡（Ramp）"、"0/1 交替（Alternating 1/0's）"和"走马灯（Walking 1's）"模式。

在手动模式下，通过选中 Manual Pattern 区域中的 8 个按钮，或者直接填写右上角的十六进制数来控制数字端口的输出状态。"循环（Rotate）"以及"移位（Shift）"按钮用于按照右侧"Direction"所设置的左、右方向来循环/移位当前设置的数字端口状态。

图 3-50　DigOut 的设定配置选项

斜坡模式（Ramp）将按照计数器从 0 开始累加的方式，将对应的数字信号由 myDAQ 数字端口输出。如果当前设置 8 根数字线均为输出状态，Ramp 模式将从 0 累加到 255（2^8-1）。如果当前设置 4 根数字线为输出状态，Ramp 模式将从 0 累加到 15（2^4-1），然后从 0 开始。

0/1 交替模式（Alternating 1/0's）自动将当前设置的所有数字端口状态进行反向处理并输出。举例来说，对于 4 位二进制数 5（0101），使用 0/1 交替模式时，myDAQ 自动将对应信号取反为 A（1010），然后输出。如果当前设置为连续输出，数字端口将在 5 和 A 之间不停地切换。

走马灯模式（Walking 1's）以最低位拉高且所有其他位拉低作为开始状态，之后将次高位拉高且所有其他位拉低，一步一步地将代表状态 1（拉高）的信号自最低位向最高位传递，感觉像是走马灯的效果。

3）仪器控制（Instruments Control）

DigOut 的仪器控制部分与前述仪器类似，如图 3-51 所示。唯一需要指出的是，当设置信号发生模式为"运行一次（Run Once）"的时候，各个数字口的输出产生一个信号电平，

图 3-51　DigOut 仪器控制（Instruments Control）

之后停止运行。然而，该输出电平值将一直被存储在 myDAQ 上，直到以下一种情况发生：下一个输出指令出现在该数字端口上；该端口被设置成输入端口；myDAQ 被重新上电。

3.5　使用 myDAQ 和 Multisim 实时比对电路仿真结果与实际结果（myDAQ 使用方法 2）

熟悉通过 ELVISmx Instrument Launcher 使用各定制 myDAQ 仪器之后，下面介绍这些仪器如何帮助用户实时对比实测数据与仿真数据。在第 2 章基于项目的学习中，讨

论了三个不同的基于 myDAQ 的项目演示。除了 myDAQ 之外,还涉及一些外围连接到 myDAQ 上的设备,例如迷你地震台、单一自由度直升机以及温度测量模块。将这些针对特定应用连接到 myDAQ 上的外围系统称为 myDAQ 迷你系统。通过合理地配置不同的外围资源及对象,并和 myDAQ 的模拟/数字输入/输出接口相连,迷你系统赋予整个 myDAQ 项目不同的生命力,完成不同的创新应用。不难发现,这些迷你系统大都需要用户自己制作各种配套的硬件电路,集成各种传感器,连接各类执行机构。在实际搭建硬件之前,可以先通过软件仿真在计算机上评估电路和传感器的特性,以便及时发现问题,排查可能出现的故障。本节将借助 myDAQ 和 Multisim 电路设计与仿真环境拉近仿真设计与具体实现之间的距离。

Multisim 是一款工业界一流的 SPICE 电路仿真标准环境。借助它,可通过设计、原型开发、电子电路测试等实践操作提高学生的技能,在课堂中传授和工业界一脉相承的电路设计知识与仿真技巧。在仿真结果达到要求之后,还可以非常方便地通过 Ultiboard 软件导入原理图设计网表,完成印制电路板(PCB)的设计和制造。有关 Multisim 软件的详细信息并非本书讨论的范围,可以访问 ni.com/multisim/zhs 或参考相关书籍获取更多的信息。

本节内容基于 Multisim 仿真环境及 myDAQ 硬件设备,请确保在计算机上顺序安装了 Multisim 软件及 ELVISmx 驱动程序。安装过程请参考附录。

在软件环境安装之后(包括 Multisim 及 ELVISmx 驱动),我们发现,myDAQ 仪器被集成到 Multisim 仿真环境中,纯软件仿真和硬件实测的结果都可以在 Multisim 中展示。本节将介绍这个过程,并深入了解各仪器的使用情况。

本节的练习需要用户准备一块面包板、一只电容器($0.1\mu F$)、一只电阻($1k\Omega$)和一些导线。

3.5.1　NI myDAQ 设计模板

运行"开始"菜单→"所有程序"→"National Instruments"→"Circuit Design Suite 12.0"→"Multisim 12.0",打开 Multisim 界面。单击主菜单栏,如图 3-52 所示,然后选择"File"→"New"→"NI myDAQ design",打开 NI myDAQ Design 模板原理图。

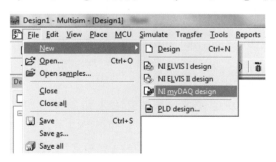

图 3-52　启动 NI myDAQ 设计模板

该原理图与普通原理图(即选择"File"→"New"→"Design")不同的是,在原理图的两边分别自动列出 myDAQ 设备拥有的 8 种仪器资源,以便在剩余的空白区域设计完电路之后,直接连接到这些现成的仪器上做各种分析,如图 3-53 所示。

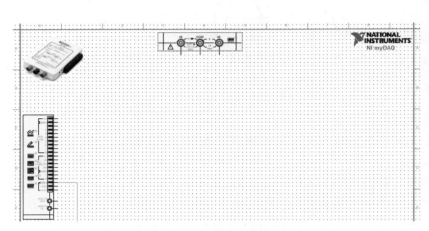

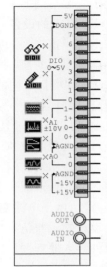

图 3-53　myDAQ 模板原理图　　　　　　图 3-54　myDAQ 右侧
接线端

图 3-53 所示原理图左侧的接线端代表 myDAQ 硬件右侧的对外连接接口，myDAQ 上 8 个仪器中的 7 个被放置在这里，如图 3-54 所示。原理图上方的接线端代表 myDAQ 硬件下面的对外连接接口（即数字万用表的三个香蕉接线头），如图 3-55 所示。

使用该模板，可以在 Multisim 中用导线将绘制的电路原理图和虚拟的 myDAQ 设备（上面提到的接线端）连接起来，就像将实际的面包板电路和 myDAQ 设备相连一样。

图 3-55　myDAQ 底部接线端

当然，用户可以使用实际的 myDAQ 仪器采集真实的电路信号，并和上述原理图仿真的信号结果相比较。

3.5.2　原理图上的 myDAQ 仪器

图 3-56 中列出了 myDAQ 在 Multisim 设计模板中可以使用的 ELVISmx 仪器，与 4.4 节介绍的 ELVISmx Instrument Launcher 中的仪器类似。

3.5.3　在 Multisim 中启用或禁用 myDAQ 设备

可以通过原理图中 myDAQ 设备仪器图标右上角的红色"X"符号，判断该仪器目前处于启用还是禁用状态。禁用的仪器会标记上红色"X"。若想启用或者禁用某一仪器，右击该仪器的图标，并在弹出的菜单中选择"在仿真中启用 NI myDAQ 仪器"项。

1. 启用仪器

图 3-57 展示了如何启用一台仪器。注意该仪器图标旁边的红色"X"标记。

也可以双击对应仪器的图标来启用该仪器。此时，系统将弹出该仪器。

注意：如果不先启用 FGEN 设备，波特图分析仪和示波器无法正常显示仿真信号。

数字万用表(DMM)		动态信号分析仪(DSA)	
示波器(SCOPE)		任意波形发生器(ARB)	
函数信号发生器(FGEN)		数字信号读取器 (DIGIN)	
波特分析仪(BODE)		数字信号写入器 (DIGOUT)	

图 3-56　原理图上的 myDAQ 仪器

图 3-57　启用一台处于禁用状态的仪器

2. 禁用仪器

由图 3-58 看到一台启用的仪器。注意,仪器上没有红叉图标。右击仪器对应的图标,可以看到,在弹出菜单的"在仿真中启用 NI myDAQ 仪器"项旁边有一个复选标记,表示该仪器目前处于启用状态。单击取消复选标记,即可禁用此仪器。

图 3-58　禁用一台启用状态的仪器

3.5.4　动手项目 1——高通滤波器电路

在 Multisim 环境中绘制如图 3-59 所示的电路原理图,然后在面包板上搭建一个与其对应的电路原型。

按照如下步骤绘制该电路的原理图。

① 将一个电容($0.1\mu F$)和一个电阻($1k\Omega$)串联连接。

② 将电阻的一端分别连接至 GND、AI 0－和 AI 1－。

③ 将电容的一端分别连接至 AO 和 AI 0＋。

④ 将 AI 1＋连接到电容和电阻之间。

在面包板上重复以上步骤,搭建电路原型。图 3-59 和图 3-60 分别展示了 Multisim 中的电路原理图和面包板上对应的电路原型。

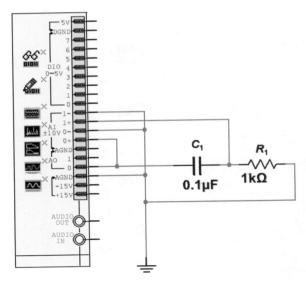

图 3-59　在 Multisim 中绘制电路原理图

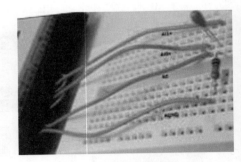

图 3-60　面包板原型搭建

I. 仿真数据: 使用 DAQmx 仪器仿真电路原理图

要使用波特图仪和 FGEN 仿真绘制的电路原理图, 首先按照上述办法启动两台仪器。双击波特图仪弹出其窗口, 然后按 F5 键或者单击工具栏菜单中的运行按钮运行该仿真。

单击工具栏菜单中的停止按钮 ▶ ❙❙ ■ , 或者在下拉菜单中选择"Simulate"→"Stop"结束仿真。

电路原理图仿真结果如图 3-61 所示。仿真的数据如图绿色曲线所示。注意, 在波特图仪窗口的 Instrument Control 区域, 应该选择"NI myDAQ 仿真设备"。

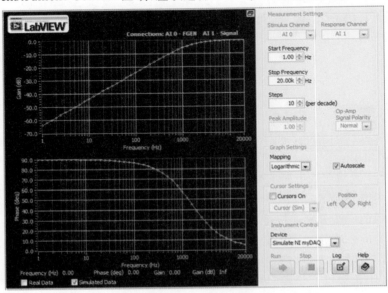

图 3-61　仿真电路原理图的 BODE 分析器曲线

2. 实际数据: 使用 DAQmx 仪器采集数据

在成功完成电路原理图仿真之后,可以使用 myDAQ 采集实际电路的数据,并与仿真数据相比较。确认仿真已经停止("Simulate"→"Stop"),然后继续操作。

在 Instrument Control 区域,选择与"NI myDAQ"对应的设备。图 3-62 展示了该步骤。

图 3-63 展示了从设备目录中选择 myDAQ 仪器以后,仪器的控件都变成启用状态。这些仪器控件让用户启动、停止并记录实际数据。

图 3-62　选择 myDAQ 采集实际数据

图 3-63　选择仪器设备后,仪器控件处于启用状态

单击仪器控件栏中的运行控件来采集数据。处理过程的长短与选择的配置参数有关。在硬件参数扫描测试完毕后,图 3-64 展示了仿真数据(绿色)和实际数据(黄色)曲线的对比。

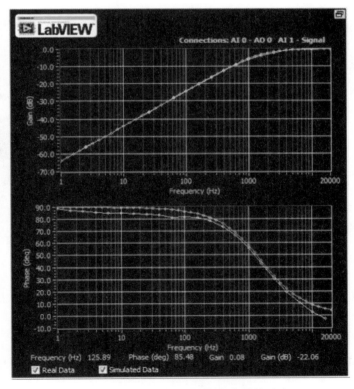

图 3-64　仿真数据和实际数据曲线的对比

3. 故障排除

注意,黄色的曲线表示实际数据,绿色曲线表示仿真曲线。如果其中有任何曲线没有正常显示,确保图 3-65 中所示的对应曲线都已经启用。

图 3-65　曲线图例的启用和禁用

3.5.5　动手项目 2——基于 FGEN 的示波器应用

这个项目将展示如何使用 Multisim 仿真环境中的示波器(SCOPE)和函数发生器(FGEN)。

1. 项目介绍

绘制图 3-66 所示电路原理图,然后在 myDAQ 侧边端口按照原理图连接相关信号,如图 3-67 所示。按照如下步骤操作。

① 连接 AGND 和 AI 0−。

② 连接 AO 0 和 AI 0+。

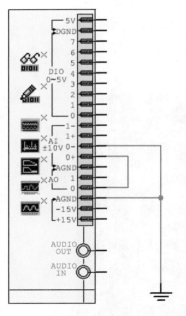

图 3-66　FGEN 与示波器收发项目原理图

图 3-67　电路原型搭建(连线)

2. 仿真数据:使用 DAQmx 仪器实现电路原理图的仿真

要使用 SCOPE 和 FGEN 仿真绘制的电路原理图,首先按照上述方法启动两台仪器。双击 SCOPE 和 FGEN 仪器,弹出其对应的窗口;然后按 F5 键,或者单击工具栏菜单中的运行按钮运行该仿真。

在 FGEN 仪器的"波型设置"选项中,选择方波并设置频率为 500Hz。同时,确认方波的幅值为 10V,如图 3-68 所示。

参照图 3-69 调整通道 0 的设置:设置"Scale Volts/Div"为"5V",将触发类型设置为"边缘",并在时基"Timebase"中选择"1ms/Div"。

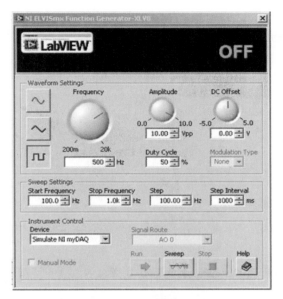

图 3-68　FGEN 设置窗口

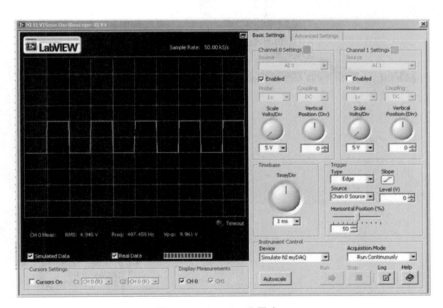

图 3-69　SCOPE 设置窗口

单击工具栏菜单中的"停止"按钮,或者在下拉菜单中选择"Simulate"→"Stop"结束仿真。

电路原理图仿真结果如图 3-69 所示。

注意:确认在"通道设置"中启用了正确的通道。在这个实例中,使用模拟通道 0(AI 0)作为通道 0。仿真数据如图中绿色曲线所示。注意在波特图仪窗口中的 Instrument Control 区域,应选择"NI myDAQ 仿真设备"。

3. 实际数据: 使用 DAQmx 仪器采集数据

完成电路原理图仿真之后, 使用 myDAQ 采集实际电路的数据, 并与仿真数据相比较。确认仿真已经停止("Simulate"→"Stop"), 然后继续操作。

在每一台仪器的 Instrument Control 区域, 选择与"NI myDAQ"对应的设备。同时, 允许 FGEN 和 SCOPE 控制该设备, 分别如图 3-70 和图 3-71 所示。

图 3-70　FGEN 仪器控件的启用　　　　　　　图 3-71　SCOPE 仪器控件的启用

单击 FGEN 和 SCOPE 仪器控件栏中的运行控件采集数据。处理过程的长短与选择的配置参数有关。

仿真电路原理图时选择的设置保持不变, 仿真数据曲线和实际数据曲线如图 3-72 所示。

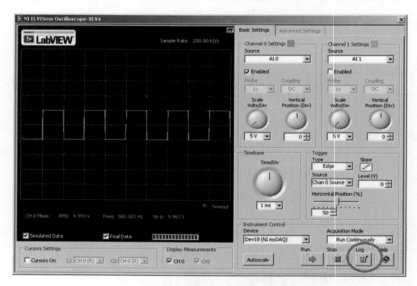

图 3-72　实际数据与仿真数据的比较

单击 FGEN 和 SCOPE 仪器中 Instrument Control 区域的"Stop"控件, 同时, 单击"Log"控件记录数据, 并将数据存为"square500.txt"。该文件将会在后面的项目实例中再次用到。

3.5.6　动手项目 3——结合 ARB 及 DSA 进行任意信号发生与频谱分析应用

1. 项目介绍

绘制图 3-73 所示的电路原理图, 然后在面包板上搭建一个与其对应的电路原型, 如图 3-74 所示。

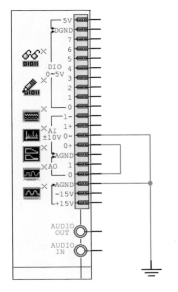

图 3-73   ARB 与 DSA 连接原理图

图 3-74   ARB 与 DSA 实际硬件连接

按照如下步骤操作。

① 连接 AGND 和 AI 0－。

② 连接 AO 0 和 AI 0＋。

2. 仿真数据: 使用 DAQmx 仪器实现电路原理图的仿真

因为需要使用 DSA 和 ARB 仿真绘制的电路原理图,而 ARB 与 FGEN 共享硬件输出通道资源,DSA 与 SCOPE 共享输入通道资源,所以在同一时刻不能同时使用 ARB 与 FGEN 或 DSA 与 SCOPE,否则系统报错。需要禁用 FGEN 和 SCOPE,并双击 DSA 和 ARB 仪器,弹出相应的窗口。

在 ARB 窗口中,单击"波形编辑器"下的"点击运行"按钮,并参考以下说明。

① 在菜单栏中选择"File"→"Open",打开上一个项目中生成的 square500.txt 文件。

② 在"Open Text File Wizard"中,确认选中"Tab",并将列数设置为"2",如图 3-75 所示。

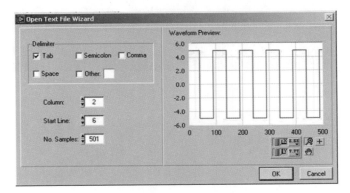

图 3-75   在波形编辑器中打开 Text 文件向导

③ 看到方波波形,单击确认。

④ 在"波形编辑器"中,在菜单栏中选择"File"→"Save As",在"文件类型"中选择"Waveform file(.wdt)",然后单击"下一步"按钮。

⑤ 将采样率设置为 10kHz,将文件另存为 500.wdt,如图 3-76 所示。

⑥ 关闭"波形编辑器"。

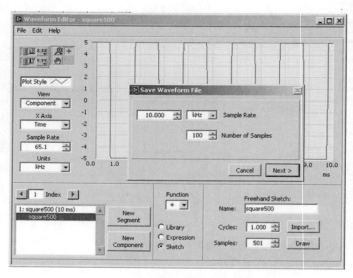

图 3-76　保存时选择采样率

启用 AO 0,打开创建的"square500.wdt"文件。在"定时和触发配置"的"刷新率"文本框输入"10k",如图 3-77 所示。

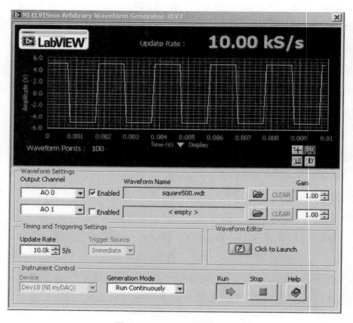

图 3-77　ARB 窗口设置

在 DSA 窗口中,按照图 3-78 所示设置参数。在"FFT 配置"中,设置"Frequency Span"为"1kHz";在"Averaging"中,选择"Mode"为"None";再选择值为"200"的"Resolution Line"和"Hanning Window"。

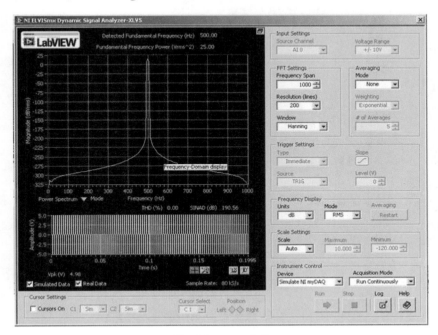

图 3-78　DSA 窗口

按 F5 键,或者单击菜单工具栏中的运行按钮进行仿真。电路仿真结果如图 3-78 所示。在此过程中需要进行信号频谱分析函数的处理,会花一些时间。

注意:仿真的数据应如图 3-78 中的绿色曲线所示。在波特图仪窗口中的 Instrument Control 区域,应该选择"NI myDAQ 仿真设备"。

单击菜单工具栏中的"停止"按钮,或者在下拉菜单中选择"Simulate"→"Stop"来结束仿真。

3. 实际数据:使用 DAQmx 仪器采集数据

在成功完成电路原理图仿真之后,可以用 myDAQ 采集实际电路的数据,并与仿真数据相比较。确认仿真已经停止,然后继续操作。

在每一台仪器的 Instrument Control 区域,选择与"NI myDAQ"对应的设备,同时允许 ARB 和 DSA 控制该设备。

单击 ARB 和 DSA 仪器控件栏中的运行控件来采集数据。处理过程的长短与选择的配置参数有关。仿真电路原理图时的设置保持不变,仿真数据曲线和实际数据曲线如图 3-79 所示。

数据采集完毕,单击 ARB 和 DSA 仪器"Instrument Control"组的"Stop"控件即可。

上述 3 个项目均遵循了以下三步原则。

① 首先,在 Multisim 中绘制要实现的电路原理图,借助 Multisim 中的仿真元件和仿

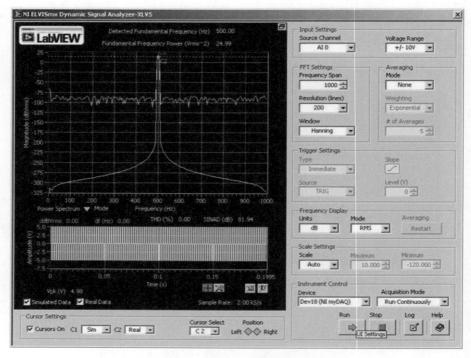

图 3-79　实际数据与仿真数据的比较

真引擎得到仿真结果（Device 选项处于 Simulate 状态）。

　　② 在物理上（如借助面包板）搭建仿真的电路结构，并用 Multisim 中的 myDAQ 仪器进行测试，得到实测结果（Device 选项处于"myDAQ 硬件"状态）。

　　③ 选中仪器面板下方的"Simulated Data"及"Real Data"选项，同时显示前两步得到的结果，对比仿真结果与实际情况，找出差别。

　　这种理论→仿真→原型→最终实现的流程帮助用户拉近了理论与实际之间的距离，并且将通过仿真与实际对比得到验证的单元电路保存下来，若日后需要结合这些单元电路实现更复杂系统的电路，可以快速、有效地构建。

3.6　使用 myDAQ 和 LabVIEW 完成创新设计 （myDAQ 使用方法 3）

　　3.4 节把 myDAQ 当作 8 种独立的仪器来使用，替代与之相对应的传统仪器的所有功能，以便产生各种电信号及测量各种外界信号。3.5 节根据需要，在 Multisim 中，自行设计与 myDAQ 接口的外围硬件电路，仿真其行为，并将仿真结果与实际测试结果实时对比，拉近了仿真与实际的距离。为了配合不同的外围迷你系统硬件完成不同的创新应用，还要有 PC 软件配合，这时需要利用 LabVIEW 控制 myDAQ 采集外部信号，对原始信号进行分析和处理，提取有用信息，再将有用信息或者计算结果从 myDAQ 输出到外部。本节将通过一个完整的均衡器项目介绍 LabVIEW 软件环境、编程的基本元素及实现方法。

【项目目的】　了解 LabVIEW 软件环境、编程基本元素以及实现方法,体会基于项目的学习。

【项目组成部分】　麦克风、音频线、扬声器、数据采集与控制器 myDAQ、均衡器控制与监测软件、学生实践报告。

【学生在项目中的角色】　均衡器硬件系统搭建者、音频信号分析专家、界面设计专家。

【项目情景】　模拟一个带有真实信号的 DJ 音频均衡器系统。

【项目产品】　自定制的音频均衡器软、硬件系统。

均衡器(Equalizer),是一种可以分别调节各种频率成分电信号放大量的电子设备,通过调节不同频率的电信号,补偿扬声器和声场的缺陷,补偿和修饰各种声源及其他特殊作用。一般调音台上的均衡器仅能调节高频、中频和低频三段频率电信号。电台 DJ 针对不同的场合调节音乐的频率,就是借助均衡器将不同频率的音乐进行混响和组合,如图 3-80 所示。本项目最后将基于 myDAQ 和 LabVIEW 设计均衡器。

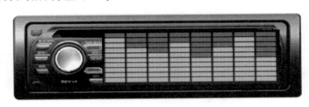

图 3-80　均衡器

为了将内容细化,使得实现过程循序渐进,我们把上述均衡器项目划分为几个子项目。在每个子项目中,将介绍整个项目的有机组成,由浅入深地熟悉 LabVIEW 编程的方方面面。

1. 子项目 1:LabVIEW 环境与采集数据

可以说,所有基于 LabVIEW 的项目都离不开 3 个主要的组成部分:输入/数据源(采集,Acquire),数据处理(信号分析,Analyze)以及输出/用户界面(显示,Present),如图 3-81 所示。取 3 个英文单词的首字母,称为 AAP。在后面所有的项目中,都可以尝试将其划分为 AAP 这 3 个不同的组成部分。

采集

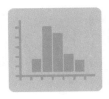
数据分析

显示

图 3-81　AAP

首先利用传感器连接 myDAQ 的输入端口,采集外部信号作为数据/信号源。从电信号源的角度来说,可以将所有信号划分成两类,即模拟信号(Analog Signal)与数字信号

(Digital Signal)。在一段连续的时间间隔内，代表信息的特征量可以在任意瞬间呈现为任意数值的信号称为模拟信号，如图 3-82 所示。生活中最直观的例子就是温度。数字信号的幅度取值是离散的，幅值表示被限制在有限个数值之内，如典型的 0/1 二进制码就是一种数字信号，如图 3-83 所示。不难发现，大自然呈现的大多数可测量信号都是模拟信号。对于计算机来说，为了方便处理，更多地使用数字信号。

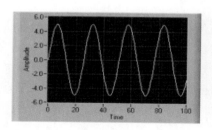

图 3-82　模拟信号

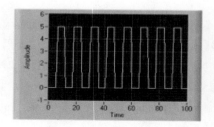

图 3-83　数字信号

在本项目中，均衡器的输入信号是音频信号，可以通过麦克风输入，也可以直接由计算机/mp3 或其他音频播放设备输入。但无论怎样，它都是一个模拟信号。myDAQ 上有两个模拟输入通道，以及一个整合了两个模拟通道的 3.5mm 音频输入通道，都位于 myDAQ 的侧边。如图 3-84 所示。理论上，可以选择 Audio In 通道采集音频信号，也可以用 AI 0 及 AI 1 两路模拟通道采集音频信号（但不能同时使用 Audio In 和 AI）。为了方便起见，可直接利用 3.5mm 音频插孔线连接音频源与 myDAQ，省去用户自己制作连线的麻烦。

左、右声道音频输入　　　　双通道模拟输入

图 3-84　myDAQ 右侧的两种输入端口

当然，如果在其他项目中用到数字信号源或者需要输出离散的开/关信号，可以利用 myDAQ 上的 8 路数字 I/O 端口来连接。

对于本项目的采集部分来说，原理结构十分直观，即把模拟信号源（计算机的 3.5mm 音频输出口）通过 myDAQ 自带的 3.5mm 音频插线直接连接到 myDAQ 的音频输入接口，如图 3-85 所示。

硬件连接完成，下面需要设计软件部分，将利用 LabVIEW 编程并采集信号。

选择"开始"菜单→"所有程序"→"National Instruments"→"LabVIEW 2013"，启动 LabVIEW 开发环境，如图 3-86 所示。

从 LabVIEW 启动窗口能找到许多有用资源的入口。在最显眼的中间部分，可以创建全新的项目，或者打开已有的项目文件。在项目打开部分的下方，并行排列着"查找驱

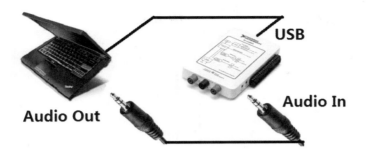

图 3-85　均衡器的 myDAQ 硬件部分连接

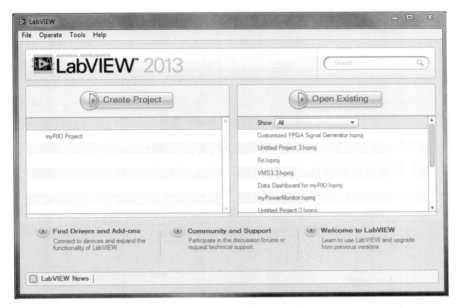

图 3-86　LabVIEW 2013 启动界面

动程序和附加软件"、"社区和支持"及"欢迎使用 LabVIEW"3 个选项。如果来不及安装 myDAQ 对应的 ELVISmx 驱动程序,单击第一项查找 NI 设备驱动程序 ELVISmx,并进行补充安装。如果未来在设计项目的过程中遇到问题,希望和其他 LabVIEW 程序员交流,通过第二个选项进入 NI 论坛、开发者社区并寻求本地技术支持。如果迫不及待想要了解最新版本的新增功能,或者使用 LabVIEW 的成功之道,选择"欢迎使用 LabVIEW"。除此之外,下方滚动显示的是实时连接 NI 服务器发出的有关 LabVIEW 的技术及活动信息,以便用户了解 LabVIEW 发展动态。

开始设计 LabVIEW 程序。单击"文件"→"新建 VI",打开第一个 LabVIEW 程序。先按 Ctrl+S 组合键保存这个空白的 LabVIEW 程序,这是一个以 vi 作为后缀名的程序文件。vi 是第 4 章开头提到的虚拟仪器(Virtual Instrument)的缩写。在图形化系统设计软件 LabVIEW 中,称每个单一的程序为 vi。保存程序之后,通过快捷键 Ctrl+T 整理 vi 窗口。每一个 LabVIEW 的 vi 由两个窗口组成,它们通过快捷键 Ctrl+T 一左一右平铺在桌面上,如

图 3-87 所示。如果想在前面板和程序框图之间切换,使用 Ctrl＋E 组合键。

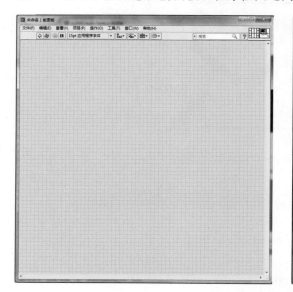

图 3-87　前面板和程序框图

　　左侧的灰色窗口称为前面板(Front Panel),是程序的"门面"。它是用户能够一眼看到的,并与之交互的用户界面(User Interface)。在前面板上,需要添加各式各样的输入/输出对象,称为"控件"。输入控件方便用户调整参数,输出控件方便用户查看程序涉及的各个对象(信号、硬件状态等)的行为。另外,还有装饰控件,让前面板更加美观。可以在前面板的任何区域右击,弹出的控件选板(Control Palette)中包含各种样式的控件,如图 3-88 所示。

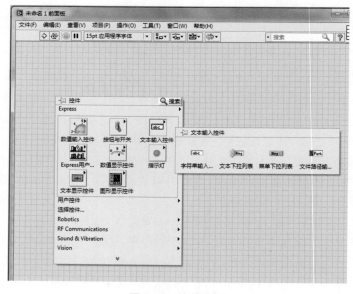

图 3-88　控件选板

从"按钮与开关"类别选择一个"停止按钮"放置在前面板上。真是"所见即所得",一个与控件选板中一模一样的停止按钮出现在前面板上。由于之前平铺了两个窗口在桌面上,当在前面板放下一个停止按钮的同时,在右侧的窗口中自动出现了一个"停止"图标,如图 3-89 所示。

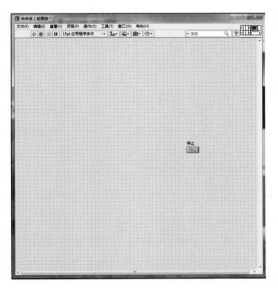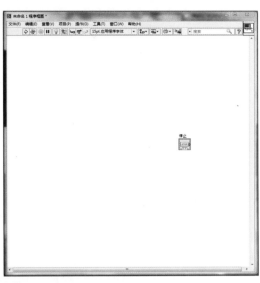

图 3-89　前面板停止控件与程序框图对应的"停止接线端"

右侧的白色窗口称为"程序框图(Block Diagram)"。顾名思义,程序框图中包含用户编写的程序源代码,也就是创新设计的核心知识产权所在。这部分内容,用户无须看到。程序框图中与前面板对应的这类图标(本例中为"停止")称为接线端(Terminal)。它们在程序中从前面板对应的输入控件获取数据,或是向前面板显示控件输出数据。

与前面板类似,在程序框图的空白区域右击,出现一个"函数选板"。它提供了各种类别的 LabVIEW 编程需要的函数元素,包括各种数据结构、数据类型、硬件接口驱动程序库、与其他编程语言的接口等,有成千上万个函数供调用,如图 3-90 所示。用户需要做的就是将不同的函数元素根据应用项目的需要有机地组合起来,以便获得预期的功能和目的。

下面用该程序生成一系列 0~1 的随机数,并呈现在前面板的窗口中。由于要不停地

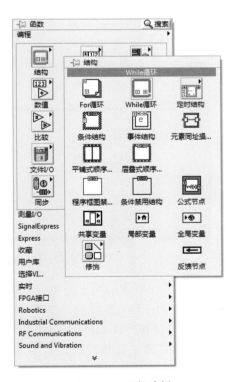

图 3-90　函数选板

产生随机数,所以程序要连续运行,在程序框图的函数选板中找到"结构(Structure)"→ "While 循环(While Loop)",然后单击,将有一个小虚线框黏滞在鼠标光标上。将鼠标放置在程序框图的空白处,按住左键不放,向右下方画出一个矩形区域之后松开鼠标左键,一个 While 循环就被放置在程序框图中,如图 3-91 所示。

图 3-91　放置 While 循环

所有包含在 While 循环当中的程序内容都会连续不断地运行。循环总有停下来的时候。在 While 循环结构的右下角有一个小圆点,称为"停止接线端",当其接收到一个"停止"值时,整个循环就停止运行。这里将停止按钮的输出连接到停止接线端,每当在前面板按下停止按钮时,While 循环就能停下来。将鼠标悬停在"停止"按钮的右侧,直至鼠标变成闪烁的连线锥子,然后单击。这时,一根虚线跟随鼠标一起移动;然后,把鼠标悬停到 While 循环"停止接线端"的左侧,如图 3-92 所示;单击,完成两者之间的连接。通过这次连线可以发现,在 LabVIEW 环境中,鼠标在不同的对象上悬停会变成不同的工具,进而完成不同的功能。可以通过单击菜单"查看(View)"→"工具选板(Tools Palette)",在程序框图或者前面板上打开针对鼠标操作的各种工具集,如图 3-93 所示。

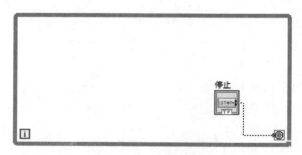

图 3-92　完成第一次连线

图 3-93　工具选板

LabVIEW 在默认情况下打开的是启用"自动选择工具",也就是图 3-93 中最上方已经被点亮的矩形 LED 等部分。如果用鼠标手动选中下面其他任一个工具,最上方的 LED 将熄灭,"自动选择工具"功能将关闭,代替它的是刚刚被选中的工具。也就是说,当前鼠标被固化在单一的功能上。举例来说,如果点选了第三行第一个连线锥子图标,如图 3-94 所示,当前鼠标将始终呈现连线形状,只能完成连线功能。对于其他各项工具,将在以后的项目实践中体会。此外,通过这次连线发现,连接完成之后,这根连线呈现为绿色。这就带出另一个 LabVIEW 的重要特性：不同的数据类型使用不同的颜色标识。程序设计中会涉及不同的数据类型（Data Type），图 3-95 中列举了一些 LabVIEW 中常用数据类型的连线情况。例如，蓝色代表整形数据（整数），粉红色代表字符串类型，等等。对于更加复杂的数据类型，例如把一串同一类型的数字有序组合在一起（程序设计中称为"数组"）的数据类型，它包含更多数据信息，因为更加丰富的数据需要粗一些的"管道"来传递，所以在 LabVIEW 中使用更粗的连线来标识。非常直观。本例中连接的这种"开关"数据类型称为"布尔（Bool）"。布尔类型只有"真（True）"和"假（False）"两种值，如果足够细心，会发现停止按钮图标下方显示了"TF"字样。Bool 经常用于判断或比较数据。本项目就是利用它判断"停止"按钮是处于"真"（按下）状态，还是"假"（未按下）状态，从而结束 While 循环的运行。

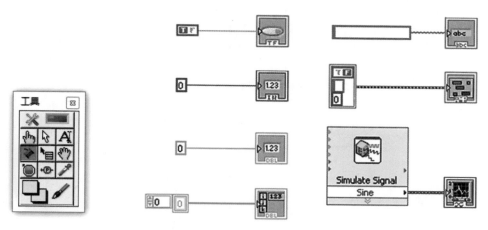

图 3-94　选中了连线锥子工具　　图 3-95　LabVIEW 中的一些数据类型及对应的连线

　　循环结构搭建完成，需要为程序添加数据源，也就是产生随机数。在程序框图中的空白处右击，再选取函数选板的"数值"（Num）→"随机数（0-1）"（Random 0-1），如图 3-96 所示，并放置到 While 循环当中。

　　如果此时运行程序，随机数可以不停地由计算机自动产生，但是用户无法看到。应有效地将结果展示在程序的前面板上。于是，在前面板空白处右击，然后在控件选板中选取"图形显示控件"（Graph Control）→"波形图表"（Waveform Graph），并放置在前面板上，如图 3-97 所示。此时的前面板和程序框图如图 3-98 所示。

　　当程序中的内容越来越多时，用户将希望快速找到前面板对象所应的程序框图"接线端"。目前放置了波形图表显示控件，可以将鼠标悬停在前面板的波形图表控件上，鼠标自动选择工具会把鼠标形态自动转换为箭头形态。此时双击，当前"波形图表"在程序框图中对应的接线端闪烁高亮，并被虚线包围，以便快速定位。现在连接波形图表接线端和"随机数（0-1）"函数，将随机数的输出结果在图表中显示出来。

　　为了追踪当前循环运行的次数，还需要借助 While 循环左下角的 i 型"计数接线端"。将鼠标悬停在程序框图"计数接线端"的右侧，直至出现连线锥子，然后右击。在快捷菜单中选

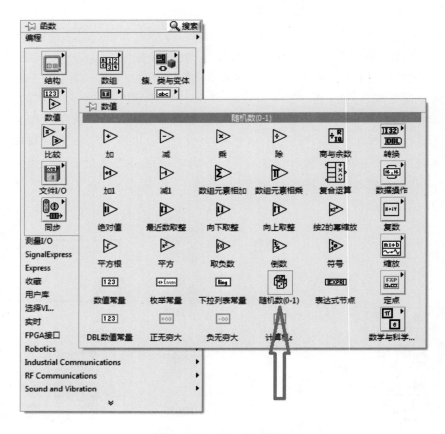

图 3-96　随机数 VI 在函数选板中的位置

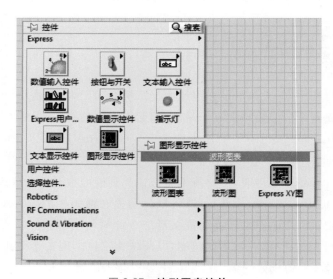

图 3-97　波形图表控件

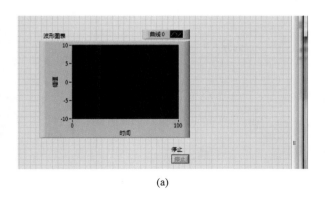

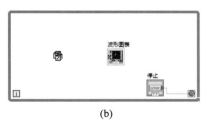

(a)　　　　　　　　　　　　　　　　　(b)

图 3-98　**目前的前面板和程序框图**

择"创建显示控件",LabVIEW 自动为该接线端连接一个数值型(蓝色)显示控件。双击该数值显示控件,其对应的前面板控件高亮显示,While 循环执行的次数将直观地显示出来。

至此,成功地完成第一个 LabVIEW 程序。

单击 LabVIEW 工具栏中的 🔁 运行按钮,运行当前编写的程序。如图 3-99 所示,可以看到 PC 正以 CPU 的最快速度不停地产生 0～1 的随机数,并显示在前面板的波形图表中。同时,在左下方的数值控件中,While 循环运行的次数飞速增长。停止程序,单击前面板上的停止按钮即可。

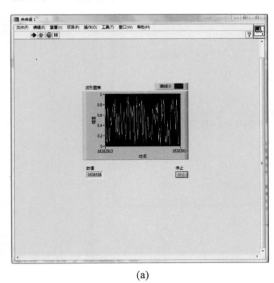

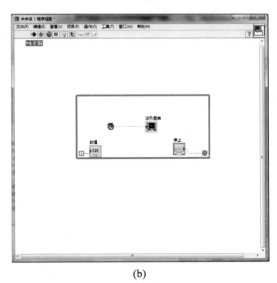

(a)　　　　　　　　　　　　　　　　　(b)

图 3-99　**运行中的随机数产生程序**

上面完成了第一个 LabVIEW 程序的编写和运行。然而,这仅仅是一个纯软件的程序,未通过 myDAQ 将外部的真实声音信号采集进来。下面要将当前程序中的"随机数 0-1"(Random 0-1)函数替换成可以调用 myDAQ 硬件输入采集通道的函数。单击"随机数 0-1"(Random 0-1)函数,再按 Delete 键删除该函数,此时的程序框图如图 3-100 所示,程序中出现了断线。如果此时依旧尝试运行程序,会发现工具栏中的运行按钮变成断开的箭头形状 ,代表程序存在错误。

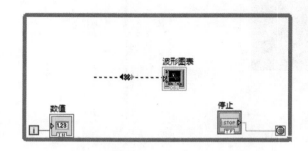

图 3-100　存在错误的程序框图

为了快速定位错误,单击断开的运行按钮,LabVIEW 将自动给出错误列表,如图 3-101 所示。双击错误列表中的相关内容,LabVIEW 将在程序框图中高亮显示出错的部分,以便用户排查错误。

图 3-101　错误列表

当前应当确保 myDAQ 硬件通过 USB 连线正确地连接到计算机上,并且在 MAX 中自检成功。在程序框图的函数选板中找到"测量 I/O"→"ELVISmx"→"示波器"(Oscilloscope),如图 3-102 所示,并将示波器函数放置在 While 循环中。LabVIEW 自动弹出与该示波器函数相对应的配置窗口,如图 3-103 所示。

在配置选项下,可以选择设备(Device)名称,即先前在 MAX 中设置的 myDAQ 名称。也就是指定未来从哪个 myDAQ 的示波器端口读取外部信号。这里选择启用通道 0。在纵轴设置区域(Vertical),设置通道 0 对应 myDAQ 的物理通道号(AI 0 或者 AI 1);选择将要采集信号的幅度范围,默认为 5V。在横轴设置区域,设置以多快的速度采集数据,也就是采

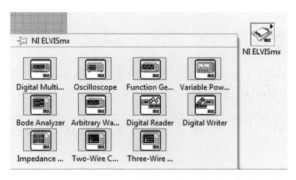

图 3-102   ELVISmx 示波器 VI 在函数选板中的位置

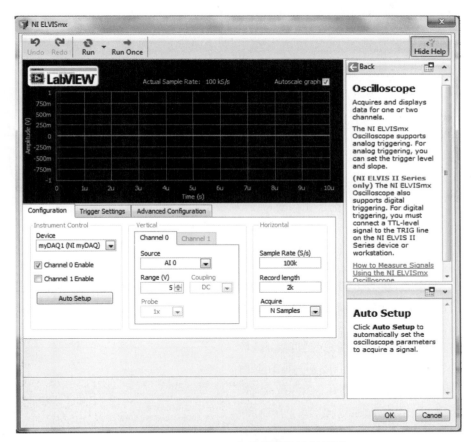

图 3-103   ELVISmx 示波器函数配置界面

样率(Sample Rate)。100kS/s 的含义是：每 1 秒钟，myDAQ 从某个物理通道获得 100000 个有效采样点，这些采样点在这 1 秒的时间轴上均匀分布(即每两个点之间的时间间隔为 1/100000s)。采样点的幅度值信息反映了采样那一时刻，被采样模拟信号的幅度值。

在"采样率"下方是"Record length"设置。该参数给出了每一次在软件上运行示波器函数时，向计算机内存写入的采样数据点数。右下方可以选择当前为有限点采集

(N Samples),还是连续采集(Continuously)。

所有参数配置完成后,单击"OK"按钮,一个配置完成的示波器采集函数呈现在 While 循环中。将 ELVISmx Oscilloscope 的通道 0 输出端(Channel 0 Out)与波形图表控件相连,程序框图如图 3-104 所示。运行该程序,前面板的波形图表将显示当前 myDAQ 硬件通道 0 上的噪声信号。

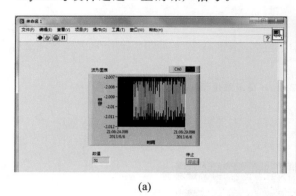
(a)

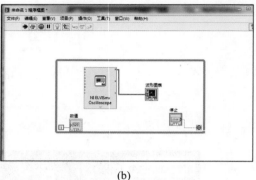
(b)

图 3-104　第一个使用 myDAQ 采集数据的例子

为了验证的确采集到正确的信号,可以在模拟通道 0 加载一个信号来观察;也可以使用 myDAQ 自己的 FGEN 硬件产生信号,连接至通道 0 来观察。

至此,用户成功地使用 myDAQ 硬件和 LabVIEW 采集到真实世界的物理信号,并在 LabVIEW 中显示。

2. 子项目 2: LabVIEW 编程结构、函数与信号分析

子项目 1 成功地使用 LabVIEW 编程方式调用了 myDAQ 上的硬件示波器来采集信号并显示在程序前面板上。负责采集的 VI 是和 Instrument Launcher 中完全类似的示波器 VI。事实上,在 LabVIEW 中有一个更加通用的 VI 函数,用来快速配置包括输入采集与输出波形在内的各种硬件功能,称为"DAQ 助手"。假设已知这个 VI 的名称,但是不清楚它具体位于函数选板的哪个位置,是否有一种快速的方式帮助用户找到藏在函数选板中的"DAQ 助手"呢?在程序框图空白处右击,函数选板的右上角有一个"搜索"按钮,用于通过关键词找到需要的 VI。如图 3-105 所示,在搜索选板对话框中输入关键词"DAQ",在函数列表中将出现许多跟 DAQ 有关的 VI,找到"DAQ 助手《输入》"并双击,LabVIEW 自动引导到 DAQ 助手所在的函数选板,以便用户快速地将该 VI 放置到程序框图中。当然,该搜索选板也可以用来搜索控件。

图 3-105　搜索选板

"DAQ 助手"被放置到程序框图之后,与上述 ELVISmx Oscilloscope 类似,将弹出配置对话框,如图 3-106 所示。

图 3-106　DAQ 助手配置窗口

不同的是,它既可用来采集信号,也可用来生成信号。选择"采集信号"→"模拟输入"→"电压",配置窗口将提示选择模拟输入信号的硬件通道。按住 Ctrl 键,在下拉列表中先后选中 myDAQ 的 audioInputLeft 和 audioInputRight,表示将采集双声道信号,然后单击"完成"按钮。

在接下来的配置界面中,"电压_0"和"电压_1"分别代表左、右声道的信号。用鼠标选中"电压_0",将右侧"信号输入范围"中的最大值和最小值分别设置为"1.5"和"−1.5"。如此设置的原因是 myDAQ 的音频输入通道可接受电压范围为 ±2V。如果使用默认的 ±10V 配置,程序将报错。对"电压_1"做同样的设置。将采样率设置为"20k",待读取采样设置为"5k"。待读取采样率的含义与先前 ELVISmx Oscilloscope 中的 Record length 参数类似,即每次运行该函数时,从内存中读取的采样点数值。该值一般设为采样率的 1/4。

注意到当前配置窗口上方还有一个"连线图"标签。单击这个标签后,能看到在当前配置情况下,myDAQ 的硬件连线应该如何完成,如图 3-107 所示。

回到 Express 任务标签,将采样模式选择为"连续采样"并单击"确定"按钮。DAQ 助手会自动提示,上述任务要求连续采集,所以自动创建循环,提示是否允许创建,如图 3-108 所示。

单击"Yes"按钮,当前程序如图 3-109 所示。

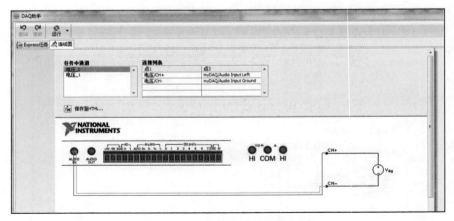

图 3-107　硬件连线示意图

图 3-108　自动创建循环提示

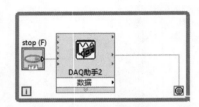

图 3-109　配上循环连续采集的 DAQ 助手

　　子项目 2 希望对采集到的音频信号进行一些处理,在均衡器中显然要对高音、中音和低音部分分别给予不同程度的音效增强或减弱。所以先将这 3 路信号从原始音频中分开,再对这 3 路信号分别添加不同程度的增益(即放大倍数或衰减倍数),最后将经过不同加权的 3 路信号合成,并观察合成信号的频率分布情况。

　　在工程上,当需要选择不同频率的信号时,常常用到的一种技术——滤波。显然,用户希望在 LabVIEW 中寻找一类"滤波"函数。采用上述搜索方式,很容易找到"滤波器"函数,将其放置在程序框图上。这个 VI 同样可以通过配置的方式来使用。若要将低频信号分解过滤出来,选择"低通",并按照图 3-110 所示设置其余参数。可以看到,将低频信号截取在 0～400Hz 范围。

　　类似地,在程序框图上再放置一个允许中频通过的滤波器函数,以及一个允许高频通过的滤波器函数,设置分别如图 3-111 所示。上、下截止频率分别为 450～2500Hz 及 3000～10000Hz。

　　滤波器的拓扑结构这里不作解释,请查阅《数字信号处理》相关书籍。

　　将 DAQ 助手采集到的音频数据与这 3 个滤波器函数连接,得到如图 3-112 所示的程序框图。

　　接下来,需要对 3 路信号进行强弱控制,并最终合成在一起。这将使用"乘法"及"加法"函数。搜索这两个函数,并与滤波后的信号输出相连,如图 3-113 所示。

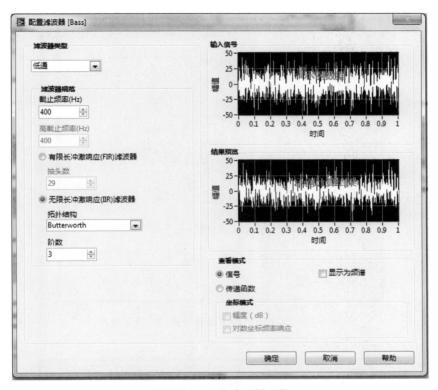

图 3-110　低通滤波器设置

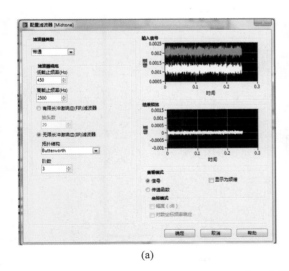

(a)

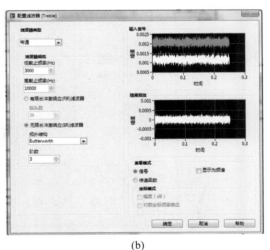

(b)

图 3-111　为两个带通滤波器设置参数

切换至前面板,在控件选板中找出 3 个"垂直指针滑动杆",依次放置在前面板中,然后将滑动杆的最大数值从"10"改为"1"。双击其中某个滑动杆,快速找到其对应的程序框图接线端,并将这 3 个接线端一一连接到 3 个"乘法"函数的另外一个输入端。完成后的

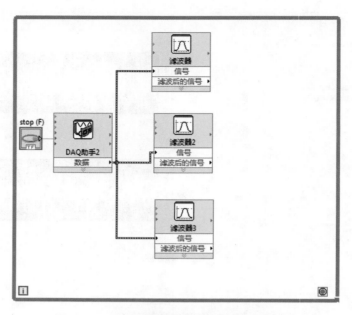

图 3-112　3 个不同的滤波器将高、中、低音分开

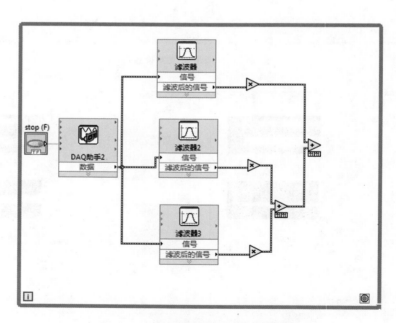

图 3-113　每一路信号分别加权后相加

程序如图 3-114 所示。

　　针对合并后的输出，给出一个总的音频增益，即增加一个垂直滑动杆来控制总音量，完成均衡器中对 3 个不同频率段信号的分离、分量控制及合并。目前程序最右端"乘法"函数的输出是时间上连续的模拟信号，称为时域信号。为了更加直观地看到移动 3 个不

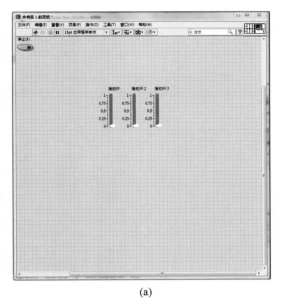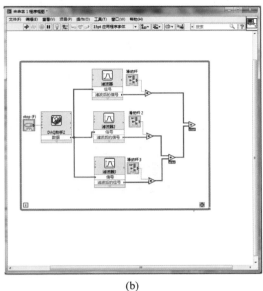

(a)   (b)

图 3-114   连接不同增益后的程序

同"垂直滑动杆"给原始音频信号带来的效果,需要将时域信号转换成频域信号,即做"频谱测量"。从函数选板找出频谱测量函数,并按图 3-115 所示进行配置,其中涉及的一些具体参数在此不过多介绍,相关信息请查阅《信号与系统》相关书籍。

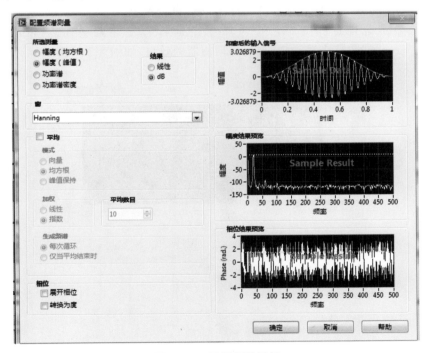

图 3-115   配置频谱测量

将合成后的信号输出连接到频谱测量函数的"信号"输入端,在频谱测量函数的"FFT(峰值)"输出接线端处右击并选择"创建图形显示控件",并且为 While 循环添加一个停止按钮。当前程序如图 3-116 所示。

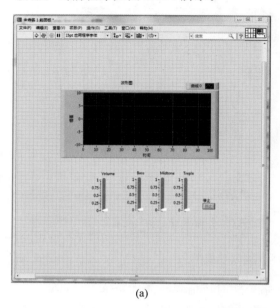

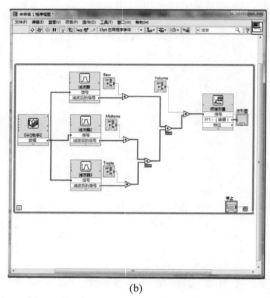

(a)　　　　　　　　　　　　　　　　　(b)

图 3-116　做完频谱测量的 VI

　　右击前面板的波形图空间,取消"Y 标尺"→"自动调整 Y 标尺"前面的"√",并将波形图纵轴的显示范围选择为"0"和"−120"。运行程序并调整代表 Volume、Bass、Midtone 及 Treple 的"垂直滑动杆"来观察均衡器的效果,如图 3-117 所示。

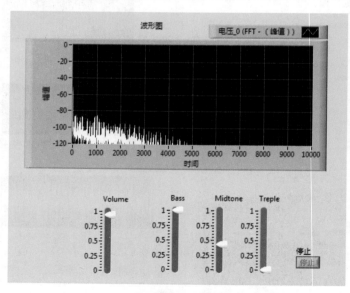

图 3-117　均衡器运行频谱测量效果

至此,成功实现了均衡器的音效处理部分,并观察到频谱处理后的信号。

3. 子项目 3: LabVIEW 数据结构、用户界面及数据输出

通过前面两个子项目,用户能够成功地采集到音频数据,并且通过前面板上的控件来均衡不同频率范围的声音信号。但是,处理后的信号只是出现在计算机的屏幕上,没有传到用户的耳朵里。子项目 3 将让经过处理的音频信号实时地播放出来。

想要做到这一点,需要调用 myDAQ 的硬件输出驱动程序。在程序框图中右击,然后在函数选板中搜索 DAQ 助手(DAQ Assistant),并将它放置在程序框图中。在弹出的配置对话框中选择"生成信号"→"模拟输出"→"电压",如图 3-118 所示。

图 3-118　在"DAQ 助手"中选择生成信号

在硬件支持物理通道处找到连接到计算机的 myDAQ,按住 Ctrl 键,依次单击 audioOutputLeft 和 audioOutputRight,可以同时选中 myDAQ 硬件输出的左、右两个声道,如图 3-119 所示。音频信息将通过这两个通道输出到音箱。myDAQ 的音频输出接口位于设备的右侧面偏下的位置。通过一根 3.5mm 音频输出线连接 myDAQ 的 Audio Out 以及音箱的 3.5mm 音频输入接口,完成输出部分的硬件连接。

配置结束后单击"完成"按钮。

在"DAQ 助手(DAQ Assistant)"配置对话框中,将"生成模式"选择为"连续采样",将"信号输出范围"设置为"±2V",待写入采样设为"200",如图 3-120 所示。

注意,因为通过左、右声道同时输出,所以在配置"信号输出范围"时,要分别设置"Voltage Out 1"及"Voltage Out 2",以免"DAQ 助手"报错。

在程序框图中,将子项目 2 中经过信号处理的音频信号输出与刚刚配置好的 DAQ

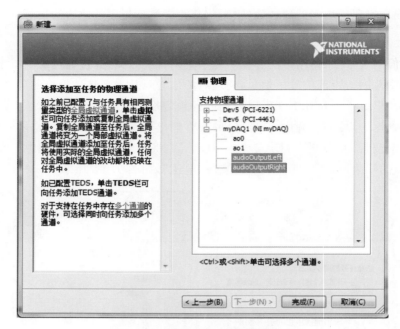

图 3-119　同时选中左、右声道输出

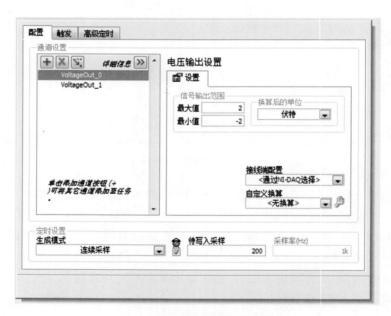

图 3-120　设置采集相关参数

助手的数据(Data)输入端相连。当前程序如图 3-121 所示。

　　为了方便地观察音频均衡器对于声音信号的处理效果,希望能够在"均衡器模式"及"无均衡器模式"之间切换。此时,需要在程序中设置一个开关,通过它判断当前是否对采集到的音频信号进行处理。在 LabVIEW 中,常用"条件结构"来解决这个问题。单击"程

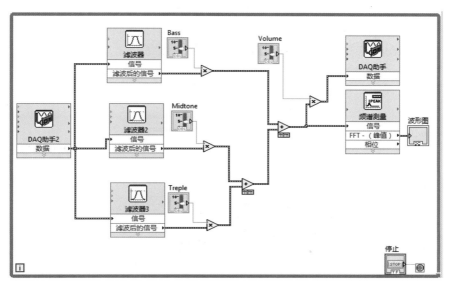

图 3-121　带有输入音频采集、信号处理以及音频输出的程序框图

序框图"→"编程"→"结构"→"条件结构",如图 3-122 所示。选中"条件结构"后,光标的行为和选中 While 循环类似,在需要放置条件结构的地方按住鼠标左键拖曳,拖曳出的方框范围符合选择性操作的要求时,释放鼠标。条件结构,顾名思义,就是在某种情况下执行其中的代码;在某种情况下不执行其中的代码,或者执行其他代码。所以,条件结构由 2 个或多个分支组成,每个分支中的内容只有在满足某个条件时才会执行,否则执行其他分支中的程序。本例将拖曳范围选择为从采集完音频信号到输出音频信号之间的信号处理(即均衡处理)部分。

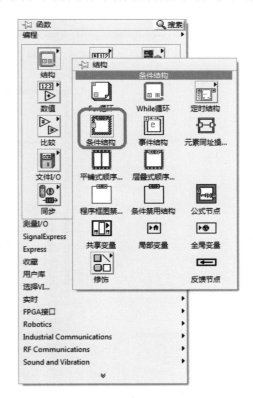

图 3-122　条件结构在函数选板中的位置

所得到的程序框图如图 3-123 所示。从图中看到,条件结构将中间的信号处理部分完全包围,并且当前分支的名称默认设置为"真"。也就是说,只有当判断条件为"真"时,才执行当前条件分支框中的信号处理代码。若单击"真"右边向下的箭头,条件结构将列举出所有当前结构中存在的不同条件分支。如图 3-124 所示,该例只有两个分支,分别是"真"和"假"。当然,可以根据需要添加更多分支,并为不同分支起不同的名字。细节内容可以参考"LabVIEW 帮助"。那

么,LabVIEW 是如何判断当前执行"真"分支还是"假"分支的呢?在条件结构的左侧有一个小问号接线端子,称为"条件接线端/分支选择器"。程序将通过读取输送给该接线端的值(本例中是"True"或者"False")来判断到底执行哪一个分支。

将鼠标悬停在条件接线端上,待其变为连线工具之后右击,然后选择"创建输入控件",如图 3-125 所示。这样,就可以通过开关按钮来控制"均衡器"效果了。

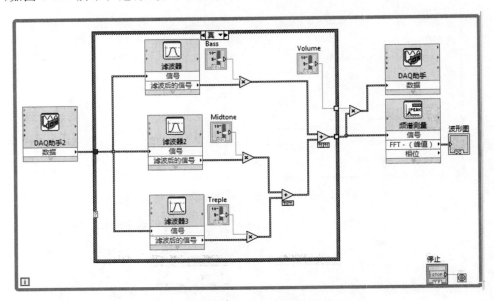

图 3-123　加上条件之后的程序框图

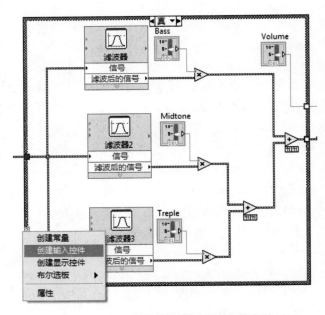

图 3-124　分支个数

图 3-125　为条件结构设置分支选择条件

运行程序时发现,当前程序存在问题,无法运行。单击"运行"按钮,将提示"隧道未赋值"错误。什么是隧道呢?双击"错误列表"中的"隧道未赋值",LabVIEW 将高亮显示条件结构右边框上与输出信号线相连的小方框。由于条件结构有多个分支,不同分支执行不同代码之后,需要将不同的数据输送到条件结构,它们必须共用一些通道,称为"隧道"。本例中的隧道就是条件结构右边框上的两个小方框。目前,小方框(也就是隧道)显示为空心状态,也就是说,在"假"分支中还未能将输出信号传递给隧道。本例希望"假"分支不对输入信号做任何处理而直接输出,所以在该分支中,将输入采集的信号直接通过连线连接到音频数据输出隧道,将输出音量增益设为"1"。程序如图 3-126 所示。

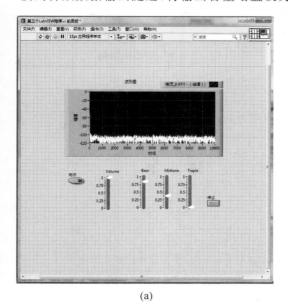

(a)

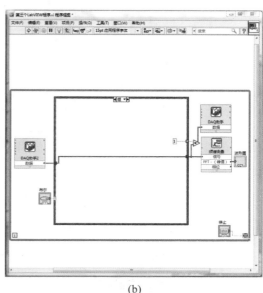

(b)

图 3-126　完成 3 个子项目后的程序框图

为了直观地了解程序执行的过程,便于在程序设计时找到可能存在的问题,利用 LabVIEW 提供的"高亮执行"功能运行程序。高亮执行的好处在于:程序不以 CPU 全速状态运行,而是像放电影一样,完整地将整个运行过程"放映"出来,期间还会显示每一根连线上得到的数据,并呈现出程序运行流程。

单击程序框图工具栏中的"小灯泡"启用"高亮执行"功能。单击运行按钮,就能看到高亮运行的直观效果。在本例中,可以手动选择前面板上的布尔按钮,它控制着当前程序是否运行"均衡器"信号处理功能。从高亮运行模式可以清楚地看到,当布尔开关选择"True"时,程序选择"真"分支中的信号处理算法;当开关选择"False"时,程序执行"假"分支中的代码。

通过使用高亮执行工具,可以直观地了解到,LabVIEW 的程序运行机制类似于将数据按照水流的方式层层传递,每一个函数都需要接收到足够的数据输入流之后才能正常运行,并将得到的结果数据输出流向后继的函数/结构。这样一种数据传递模式是 LabVIEW 最根本的运行机制,称为"数据流"。

在程序的不同部分,数据将得到不同阶段的处理。为了方便他人快速读懂我们编写的程序,一个较好的习惯是边写程序,边做相应的注释。例如,在程序框图的空白部分,双击,就能快速地为程序添加注释,如图 3-127 所示。

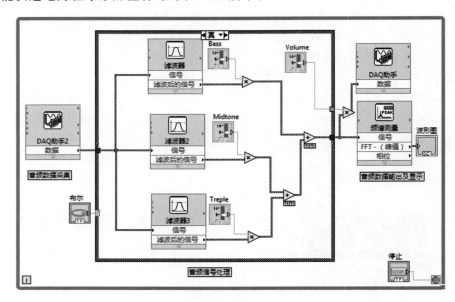

图 3-127   添加程序注释

以上成功地完成了 3 个子项目,于是一个完整的均衡器系统可以正常运行了。
图 3-128 所示为整个均衡器系统的硬件拓扑结构。

图 3-128   均衡器系统硬件拓扑结构

在计算机上打开一个音乐播放器并播放一段音乐,该音频信号从计算机的音频输出口传递到 myDAQ 的音频输入口,myDAQ 将该信号通过 USB 总线传递给 LabVIEW 并进行信号处理,处理完的信号通过 USB 总线传回 myDAQ,然后由 myDAQ 的音频输出口送入音箱并播放出来。现在,是否听到经过均衡器处理的音乐了呢?

以上 3 个子项目的程序都可以在本书附带的光盘中找到。

本章的实例涉及声音信号的采集、分析处理以及输出,与第 1 章所做 Firi 非常相似。第 1 章曾提出一个很实际的问题,即硬件驱动会影响输入/输出的兼容性。如果计算机缺少音频驱动程序,可能无法正常采集音频信号。而在 myDAQ 均衡器实例中,这样的情况不会出现,因为硬件的音频采集和音频生成使用的都是标准统一的 myDAQ 设备驱动——ELVISmx 驱动程序。

第4章 创新实践项目实例（基础篇）

第 4 章介绍了 myDAQ 的 3 种主要使用方法。本章将通过 9 个基础动手实践项目，进一步讨论这 3 种方法，为今后完成更加复杂的项目奠定基础。

9 种常用传感器外设连接 myDAQ 应用实例指导如下所述。

4.1 项目 1——点亮一盏创新的明灯

【项目目的】 学习用程控方式来控制 LED 灯的亮与灭。

【项目组成部分】 LED 发光管、电阻、导线、myDAQ、面包板、LabVIEW 点灯控制软件、学生实践报告。

【学生在项目中的角色】 硬件结构搭建者、点灯控制程序设计者。

【项目情景】 控制房间里的电灯。

【项目产品】 基于 myDAQ 的简易灯光控制系统。

1. 背景知识

本项目的被控对象是在电子市场上很容易采购到的 5mm LED。LED 是 Light-Emitting Diode，即发光二极管的首字母缩写，它常在电子设备中用于指示设备是否正常打开，当前设备运行在哪个功率等级下，甚至用在边远地区的照明设备中。LED 是二极管的一种，它只允许电流从其正极流向负极，反之不行。所以在后面介绍物理连线时需要考虑到这一点，不能接反。另外，LED 只能承受有限的电流，过大的电流将损坏 LED，所以通常需要串联一个电阻来限制电流大小，通常称为"限流电阻"。LED 的实物图如图 4-1 所示。

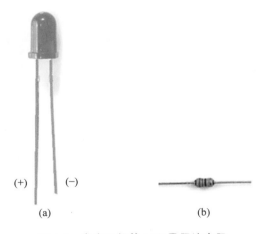

(a)　(+)　(−)　　　　(b)

图 4-1　发光二极管 LED 及限流电阻

2. 硬件系统搭建

在硬件结构上，通过 myDAQ 的数字输出引脚 0 驱动 LED 发光二极管，电流将流经串联的限流电阻，返回 myDAQ 的数字地。硬件连接图如图 4-2 所示。

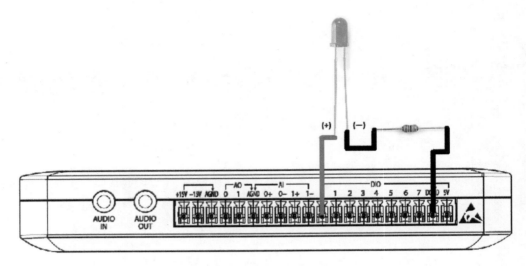

图 4-2　硬件连接示意图

本项目选用 330Ω 电阻，$1/6W$ 碳膜电阻。可以通过欧姆定律反推该电阻是否符合要求。myDAQ 的数字输出口高电平时输出 $3.3V$，假设 LED 的体电阻可以忽略，那么流过 LED 的电流为：$3.3V/330\Omega=10mA$。普通 LED 能够承载的最大电流为 $20mA$，所以该限流电阻完全达到了项目要求。

3. 编程策略

在 LabVIEW 中需要创建一个前面板布尔控件控制数字输出口 0 的电压，用于点亮 LED。该电压值的控制将通过 DAQ 助手实现。对于布尔空间来说，其"真"值对应 $3.3V$ 输出，其"假"值对应 $0V$ 输出，因此布尔"真"将点亮 LED。编程策略如图 4-3 所示。

图 4-3　**编程策略**

第 3 章介绍了使用 DAQ 助手的方法，这里不再赘述，实现方式如下所述。

① 确保 myDAQ 正确连接到计算机。

② 新建 VI，按 Ctrl＋T 组合键平铺前面板及程序框图。

③ 在程序框图中找到 DAQ 助手。

④ 将 DAQ 助手放置在程序框图中。

⑤ 在 DAQ 助手配置界面依次选择生成信号、数字输出、线输出、myDAQ、port0/line0，单击"完成"按钮。

⑥ 在"定时设置"的生成模式中，默认选择"1 采样（按要求）"。

⑦ 请勿选择"线取反"选项。

⑧ 单击"确定"按钮。

DAQ 助手配置对话框如图 4-4 所示。

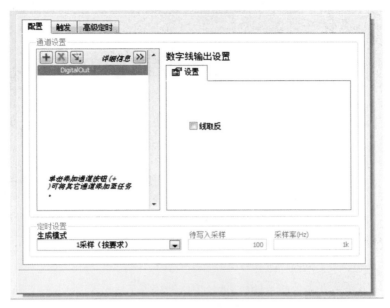

图 4-4　DAQ 助手配置数字输出

在本书附带光盘的第 4 章程序文件夹中可找到本项目的程序。

需要特别指出的是，上述文件夹给出的代码并非先前看到的 . VI 文件，而是一张 . png 图片文件。这就是 LabVIEW 的神奇之处。这张图片可以运行，甚至控制 myDAQ，步骤如下所示。

① 在 LabVIEW 中新建一个空白 VI，并将程序框图放置在最前面。

② 使用鼠标，从存放 LED_BD. png 的文件夹中拖曳该 png 文件到程序框图中。

这时原先空白的 VI 已经是一个可以运行的程序了，并且前面板的控件一应俱全，如图 4-5 所示。这是在 LabVIEW 2011 之后引入的 VI 片段功能。如此一来，当需要和别人共享代码时，只需要通过 png 图片文件来传递即可（仅针对简单的程序）。

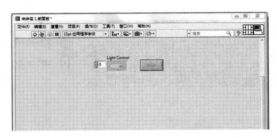

图 4-5　程序前面板及对应的程序框图

在此程序中，While 循环中多了一个小闹钟函数。将鼠标悬停在小闹钟上，并按 Ctrl＋H 组合键，可以借助即时帮助了解该函数的功能。该等待 ms 函数起到对 While 循环定时的功能。本例中给该函数赋值 100ms，意味着，程序每 100ms 将当前控制的布尔量更新给数字引脚,用于控制 LED 的状态。另外,如果仔细观察并对比程序框图的内容与编程策略的框图,很容易发现两者之间的对应关系,这也是图形化系统设计的优势所在。

4. 更多项目挑战

① 通过在 DAQ 助手中添加更多数字通道来点亮多个 LED 灯。

② 使用 myDAQ 点亮七段码 LED 灯。

4.2 项目 2——使用程控方式感知身边的温度

【项目目的】 学习用程控的方式获取外界温度。

【项目组成部分】 Pt-3750 RTD、导线、myDAQ、面包板、LabVIEW 软件、学生实践报告。

【学生在项目中的角色】 硬件结构搭建者、温度采集程序设计者。

【项目情景】 实时监控周围某一特定物体的温度。

【项目产品】 基于 myDAQ 的简易温度采集系统。

1. 背景知识

RTD 是 Resistance Temperature Detector 的缩写,意思是电阻温度探测器,简称热电阻。电阻温度探测器(RTD)实际上是一根特殊的导线,其阻值随温度变化而变化。通常 RTD 材料为铜、铂、镍及镍/铁合金。RTD 元件可以是一根导线,也可以是一层薄膜,采用电镀或溅射的方法涂敷在陶瓷类材料基底上。本项目中使用的是 Pt-3750 RTD,是铂热电阻,其阻值与温度的变化成正比,如图 4-6 所示。铂工艺的电阻并不便宜,但是它广泛用在工业领域。

图 4-6　铂热 RTD

选择 RTD 时经常发现有 2 线、3 线及 4 线等不同规格,主要区别如下所述。

① 2 线:电流回路和电压测量回路合二为一,精度差。

② 3 线:电流回路的参考位和电压测量回路的参考位为一条线,精度稍好。

③ 4 线:电路回路和电压测量回路独立分开,精度高,但成本高。

本例选用最复杂的 4 线 RTD。

2. 硬件搭建

本项目使用 myDAQ 上的数字万用表硬件采集温度电压信号。

由于 myDAQ 的数字万用表将被配置成 2 线电阻测量模式,对于一个 4 线 RTD 来说,要将激励正端与输出正端短接,激励负端与输出负端短接,然后与 myDAQ 的数字万用表端口相连。硬件拓扑结构如图 4-7 所示。

3. 编程策略

在 LabVIEW 中,首先从 RTD 采集当前电阻值,该值在 100Ω～10kΩ 变化,对应当前

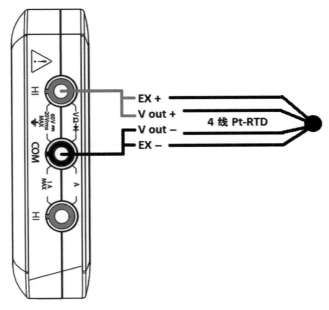

图 4-7　myDAQ DMM 连接 4 线 RTD 示意图

待测温度。温度与电阻值之间的关系可以从 RTD 说明书中找到，通常是一个代数多项式。本例中查到的温度与电阻之间的关系遵循 Callendar-Van Dusen 方程，即

$$T_R = \frac{-R_0 A + \sqrt{R_0^2 A^2 - 4 R_0 B (R_0 - R_T)}}{2 R_0 B}$$

程序设计策略如图 4-8 所示。

图 4-8　**程序设计策略**

与项目 1 类似，直接用 VI 片段的方式创建该程序。程序框图如图 4-9 所示。

4. 程序内容解析

While 循环左侧的 DAQ 助手配置为使用 myDAQ 的 DMM 接线端，用于采集电阻值。每次采集到一个有效值之后，将随数据流把该值传递给中间的大方框（公式节点）。虽然是第一次使用公式节点，但是完全可以使用即时帮助了解其功能。公式节点的作用是将先前得到的电阻值按照 RTD 规格说明转换成相应的温度值，并在 Temp 显示控件及 Temp Chart 波形图标中显示。While 循环设置为 500ms 运行 1 次。从温度采样率的角度来说，就是每秒钟采集 2 个有效温度值，也就是 2Hz。程序将不停地运行，直到用户按下停止按钮。

该项目中的 DAQ 助手配置流程如下所述。

① 确保 myDAQ 正确连接到计算机。

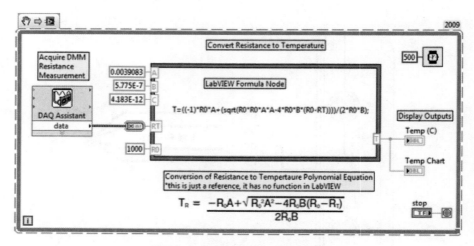

图 4-9　RTD 采集处理及显示程序

② 新建 VI,按 Ctrl＋T 组合键平铺前面板及程序框图。

③ 在程序框图中找到 DAQ 助手。

④ 将 DAQ 助手放置在程序框图中。

⑤ 在 DAQ 助手配置界面依次选择采集信号、模拟输入、电阻、连接计算机的 myDAQ 设备、DMM,单击"完成"按钮。

⑥ 将电阻输入采集设置为正确的输入量程范围,最大值为 10kΩ,最小值为 100Ω。

⑦ 将 Iex Source(激励源)设置为"Internal"(内部),Iex Value 设置为"1mA"。 Configuration(配置)设置为"2-Wire"(两线),其余选项按照默认设置即可。

⑧ 将定时设置为"单采样"(按要求)。

⑨ 单击"确定"按钮(见图 4-10)。

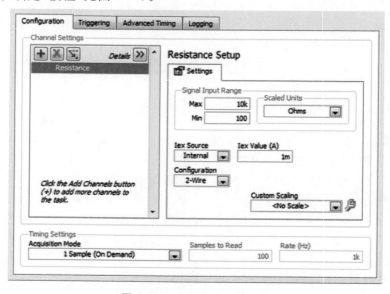

图 4-10　DAQ 助手设置内容

程序前面板如图 4-11 所示。

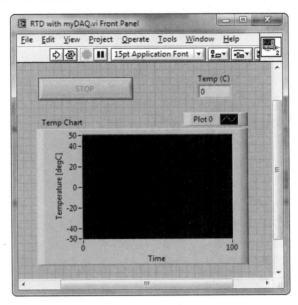

图 4-11　温度采集前面板

5. 更多项目挑战

① 与项目 1 配合，当测量到的温度大于某一个预设值时，点亮 LED；反之，熄灭 LED。

② 使用写入电子表格文件. vi(Write To Spreadsheet File. vi)将采集到的历史温度存到文件。

③ 用 LabVIEW 中的代数函数替换现有的公式节点。

④ 用 From DDT 函数将蓝色的动态数据类型转换为橘红色的双精度数，从而允许其他标准 LabVIEW 函数也能读取 DAQ 助手采集到的数据。

4.3　项目 3——感知身边物体的距离

【项目目的】　学习用程控方式获取周围物体与传感器间的距离。

【项目组成部分】　夏普红外接近传感器(SEN-08958)、导线、myDAQ、面包板、LabVIEW 软件、学生实践报告。

【学生在项目中的角色】　硬件结构搭建者、距离采集程序设计者。

【项目情景】　实时监控周围物体与传感器间的距离。

【项目产品】　基于 myDAQ 的简易距离信息采集系统。

1. 背景知识

红外接近传感器的原理是输出红外线照射到附近的物体上，用光电二极管读取反射回来的红外线，根据反射光线的强弱幅值判断周围物体距离光电二极管的距离。举例来说，当红外接近传感器面对正前方的物体发出一个红外脉冲时，该脉冲将经由物体表面反射回来。由于物体无法 100% 反射发出的红外脉冲,只有一部分能量的红外脉冲会被反射回光电二极管,可以用反射信号与发出(激励)信号的差值判断物体与传感器的距离。通常来说,红外接近传感器受周围其他光源的噪声影响,都有一定的探测距离限制。本项目使用的 Sharp SEN-08958 红外接近传感器使用一种三角测量法来抑制外界的光线干扰。

2. 硬件搭建

Sharp 红外接近传感器需要外部供电,其电源指标为直流 4.5~5.5V。myDAQ 提供一个板载的 5V 输出,最高驱动能力 500mA。SEN-08958 的数据手册给出该传感器的典型工作电流为 33mA,myDAQ 完全可以胜任。把传感器的 V_{cc} 端与 myDAQ 的 5V 接线端子连接,同时将传感器的 Gnd 端与 myDAQ 的 AGND 相连,保证传感器与 myDAQ 具有相同的参考电压点。另外,myDAQ 的 AGND 端还需要和 AI 0 端口短接,这是因为 myDAQ 设备的模拟输入端口已经配置为差分测量模式,其差分输入端口 0 的正负接线端分别为 AI 0+ 和 AI 0−。本例需要的是 AI 0+ 和 GND,所以将 AI 0− 与 AGND 短接,传感器的电压输出端 V_O 与 AI 0+ 相连。最终的硬件连线图如图 4-12 所示。

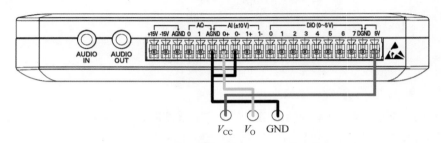

图 4-12　红外接近传感器与 myDAQ 的硬件连线图

3. 程序设计策略

该项目的程序设计分为如下三个部分。

① 获取传感器收集到的原始数据。

② 对原始的含有噪声的数据进行滤波,抑制一部分噪声。

③ 将滤波后的数据转换为距离信息。

为了以恒定的速率获取数据,本项目使用 myDAQ 连续采集模式,每两个采集点之间的间隔严格相等。

虽然传感器本身添加了一些机制来抑制噪声,但是不可避免地,包括导线、外部光源在内的诸多因素还会引入一定噪声,干扰测量,所以需要在程序中进行软件滤波处理。本项目使用一个低通滤波器来滤除高频噪声。将滤波后的信号进行平均处理,得到一个电压值信号。若要获得距离信息,需要根据传感器数据手册中的电压—距离关系图——映射每个电压代表的距离值。如图 4-13 所示。

从图 4-13 中看出,输出电压与距离之间是非线性关系,意味着无法用线性近似的方法完成两者之间的映射,解决方法是使用 LabVIEW 提供的"样条插值"(Spline Interpolation)函数,当然先要给该函数提供一系列已知的映射点对。本项目使用图 4-14 所示的映射关系进行样条插值。

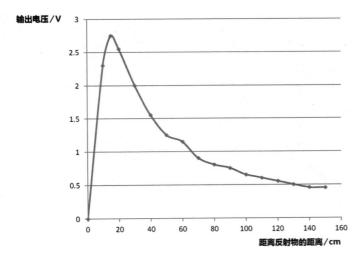

Voltage	Centimeters
2.75	15
2.55	20
2	30
1.55	40
1.25	50
1.15	60
0.9	70
0.8	80
0.75	90
0.65	100
0.6	110
0.55	120
0.5	130
0.455	140
0.45	150

图 4-13　SEN-08958 的电压—距离曲线　　　　图 4-14　距离与电压的映射关系

通过电压值映射得到对应的距离数值，就可以轻松地将距离显示在数值显示控件及图表显示控件中了。

最终的代码如图 4-15 所示，其相应的程序前面板如图 4-16 所示。

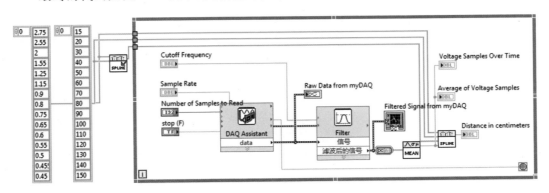

图 4-15　测量距离的程序设计

DAQ 助手中的配置不再赘述，详细设置如图 4-17 所示。

4. 更多项目挑战

① 使用写入电子表格文件. vi（Write To Spreadsheet File. vi）将采集到的历史距离信息存至文件。

② 为了获取更加准确的信息，从传感器数据手册查阅采样值之间的精确距离，并用程序实现精确采集。

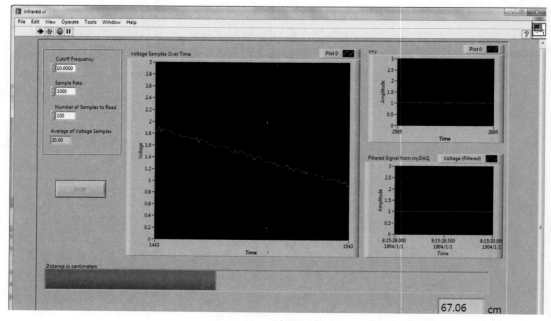

图 4-16　测距程序前面板

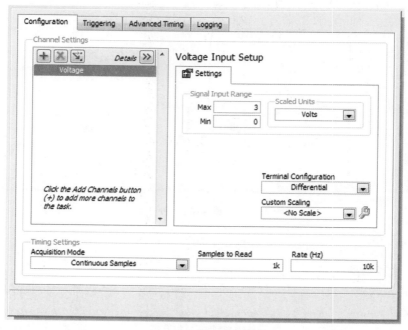

图 4-17　DAQ 助手连续采集配置

4.4 项目 4——学会利用惠斯通电桥进行测量

【项目目的】 学习用程控方式进行惠斯通电桥测量。

【项目组成部分】 带有某一传感器（如普通电阻式应变片）的电桥、导线、myDAQ、面包板、LabVIEW 软件、学生实践报告。

【学生在项目中的角色】 硬件结构搭建者、电桥参数采集程序设计者。

【项目情景】 实时监控应变片反馈的压力信息。

【项目产品】 基于 myDAQ 的简易压力信息采集系统。

1. 背景知识

惠斯通电桥（又称单臂电桥）是一种精确测量电阻的仪器。图 4-18 所示是一个通用的惠斯通电桥。电阻 R_1、R_2、R_3 和 R_4 叫作电桥的 4 个臂；中间的 V_O 为检流计输出电压，用于检查它所在的支路有无电流。当 V_O 处无电流通过时，称电桥达到平衡。平衡时，4 个臂的阻值满足简单的关系，利用这一关系可测量电阻。例如在工程应用中，常常将桥臂中的某个电阻，例如 R_3 替换成某种阻性传感器，当传感器输入发生变化时，传感器对于电桥呈现的电阻相应地变化，电桥失去平衡。

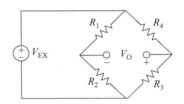

图 4-18 **典型的惠斯通电桥**

在其他 3 个桥臂的电阻值以及激励电压 V_{EX} 都已知的情况下，通过下列方程求解出 R_3 的细微变化，从而获取传感器采集到的信息。

$$V_O = \left(\frac{R_3}{R_3 + R_4} - \frac{R_2}{R_1 + R_2} \right) \cdot V_{EX}$$

2. 硬件搭建

本项目要测量两个电压值，分别是惠思通电桥中的激励电压 V_{EX} 以及电桥输出电压 V_O，所以连线时将这两路电压信号分别连接到 myDAQ 的两路差分模拟输入端。其中，V_{EX} 激励电压由 myDAQ 板载的 +5V 电源提供。所以，电桥上端连接到 myDAQ 的 +5V 接线端，下端连接到 myDAQ 的 DGND 接线端。使用模拟通道 1（AI 1+ 和 AI 1−）测量 +5V 的原因是为了准确了解当前的激励电压值，做到精确测量。

电桥与 myDAQ 的硬件连接拓扑如图 4-19 所示。

3. 程序设计策略

在 LabVIEW 中利用 DAQ 助手获取两个通道的电压信息，并通过简单的数值计算或者两者的比值，针对不同的应用得出对应传感器的数值。设计策略如图 4-20 所示。

按照编程策略直观映射的 LabVIEW 程序框图如图 4-21 所示，其对应的程序前面板如图 4-22 所示。

本项目中，DAQ 助手配置为同时采集两个通道的模拟信号。程序中使用"拆分信号"函数将两个硬件通道的数据拆解开，分别代表 V_O 及 V_{EX} 的电压值。整个程序使用等待（ms）函数定时，并赋值 100ms，则采集频率为 10Hz（1/100ms）。

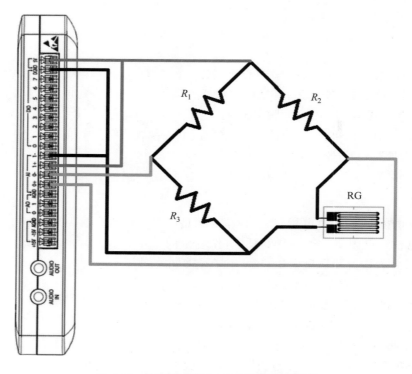

图 4-19　惠斯通电桥与 myDAQ 的硬件连接

图 4-20　电桥程序设计策略

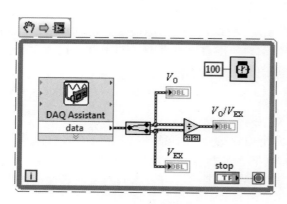

图 4-21　采集程序框图

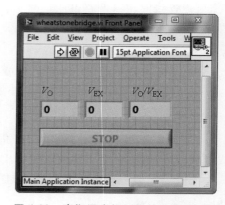

图 4-22　惠斯通电桥测量的程序前面板

DAQ 助手中的配置步骤如下所示。

① 确保 myDAQ 正确连接到计算机。

② 新建 VI，按 Ctrl＋T 组合键平铺前面板及程序框图。

③ 在程序框图中找到 DAQ 助手。

④ 将 DAQ 助手放置在程序框图中。

⑤ 在 DAQ 助手配置界面依次选择采集信号、模拟输入、电压、连接到计算机的 myDAQ 设备（通常为 Dev1），按住 Ctrl 键不放，同时选中 ai0 和 ai1，单击"完成"按钮。

⑥ 将定时设置为"单采样"（按要求），其余选项按照默认设置即可。

⑦ 单击"确定"按钮。

详细配置如图 4-23 所示。

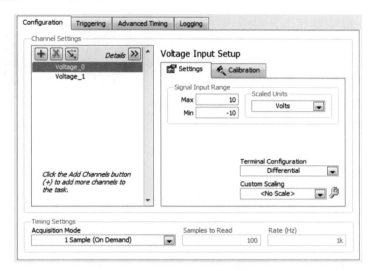

图 4-23　DAQ 助手配置信息

4. 更多与本项目相关的挑战

① 使用写入电子表格文件. vi(Write To Spreadsheet File. vi)将采集到的历史信息存至文件。

② 使用更多种类的传感器连接电桥，完成不同应用的参数测量，并将结果展示在程序前面板上。

③ 通过使用合适的滤波器消除测量当中引入的干扰和抖动。

4.5　项目5——学会用继电器控制直流风扇

【项目目的】　学习用程控方式输出信号控制风扇。

【项目组成部分】　3.3V 直流固态继电器、80mm 12V 直流风扇（计算机机箱中的小风扇）、导线、myDAQ、面包板、LabVIEW 软件、学生实践报告。

【学生在项目中的角色】　硬件结构搭建者、风扇控制程序设计者。

【项目情景】　实时通过继电器控制风扇开关。

【项目产品】　基于 myDAQ 的简易风扇控制系统。

1.背景知识

固态继电器(Solid State Relay,SSR)是由微电子电路、分立电子器件、电力电子功率器件组成的无触点开关。用隔离器件实现控制端与负载端的隔离。固态继电器的输入端用微小的控制信号,达到直接驱动大电流负载的目的。它具有输入功率小,灵敏度高,控制功率小,电磁兼容性好,噪声低和工作频率高等特点。固态继电器目前广泛应用于计算机外围接口设备、恒温系统、调温系统、电炉加温控制、电机控制、数控机械,遥控系统、工业自动化装置;信号灯、调光、闪烁器、照明舞台灯光控制系统;仪器仪表、医疗器械、复印机、自动洗衣机;自动消防,保安系统,以及作为电网功率因数补偿的电力电容的切换开关等。另外,在化工、煤矿等需防爆、防潮、防腐蚀场合中都有大量使用。本项目用到的固态继电器需要 3.3V 直流即可驱动,如图 4-24 所示。使用 myDAQ 上的数字输出口控制该继电器。外置的 12V 直流电源以及 12V 直流风扇与继电器形成串联电路。

图 4-24　欧姆龙 3.3V 直流固态继电器以及
Antec 80mm 12V 直流小风扇

2.硬件搭建

利用串联电路,由固态继电器当前的开/关状态控制与其串联在的 12V 直流电源以及 12V 直流风扇回路的通断。继电器的开/关状态由 myDAQ 设备的数字输出口控制。硬件连接如图 4-25 所示。

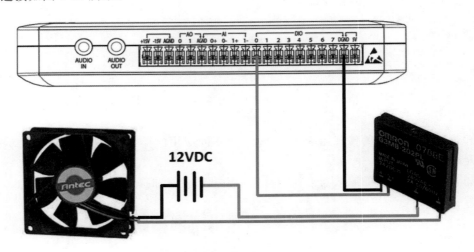

图 4-25　硬件连接

3.程序设计策略

在 LabVIEW 中,通过一个前面板的布尔控件来控制 myDAQ 的数字输出口输出高/低电平从而控制固态继电器的状态。这个布尔控件的值将被送入到 DAQ 助手当中并继而变为 myDAQ 输出的电平状态。在数字布尔逻辑当中,一个布尔"真"(True)值代表着

3.3V 高电平输出,而一个布尔"假"(False)值代表 0V 低电平输出。因此,布尔"真"将闭合固态继电器,并且使风扇所在回路连通,继而开启风扇。编程策略如图 4-26 所示。

图 4-26　控制风扇程序策略

与上述策略直观映射的程序如图 4-27 所示,其对应的程序前面板如图 4-28 所示。

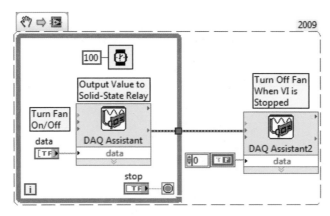

图 4-27　控制风扇程序

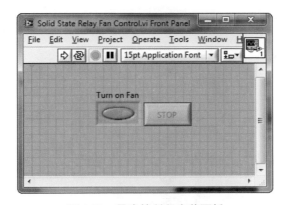

图 4-28　风扇控制程序前面板

程序框图图 4-27 中的 DAQ 助手被配置为数字输出模式,并且是线输出。While 循环中的部分将不停地执行,直至前面板上的停止按钮被按下。"等待"函数被设置为100ms,意味着数字输出端口上值的更新率被控制在 10Hz。当"停止"按钮被按下,程序跳出 While 循环之后,遵循前面提到的 LabVIEW 数据流规则,While 循环之外的 DAQ助手将被赋值为布尔"假",也就是 myDAQ 控制继电器为断开状态,使风扇停止工作。DAQ 助手在本项目中被配置为"1 采样(按要求)"。

DAQ 助手的配置步骤如下所示。

① 确保 myDAQ 正确连接到计算机。

② 新建 VI,按 Ctrl+T 组合键平铺前面板及程序框图。

③ 在程序框图中找到 DAQ 助手。

④ 将 DAQ 助手放置在程序框图中。

⑤ 在 DAQ 助手配置界面依次选择生成信号、数字输出、线输出、连接到计算机的 myDAQ 设备(通常为 Dev1)、port0/line0,单击"完成"按钮。

⑥ 将定时设置为"单采样"(按要求),不要选择"线取反"。其余选项按照默认设置即可。

⑦ 单击"确定"按钮。

详细配置如图 4-29 所示。

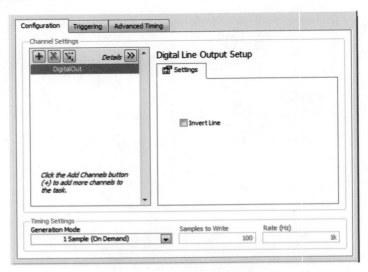

图 4-29 DAQ 助手的详细配置

4. 更多与本项目相关的挑战

① 使用写入电子表格文件.vi(Write To Spreadsheet File.vi)将输出的历史信息存至文件。

② 将本项目与先前的 RTD 测温项目相结合,当测得温度高于某一数值时,打开风扇,进行降温。

③ 类似地,可以通过添加灯泡来作为热源,当温度低于某个数值时,打开灯泡,通过发热的灯泡来增加温度。

4.6 项目6——学会用加速度计测量加速度信号

【项目目的】 学习用程控方式采集加速度信号。

【项目组成部分】 飞思卡尔 MMA7260QT 三轴加速度模块、导线、myDAQ、面包板、LabVIEW 软件、学生实践报告。

【学生在项目中的角色】 硬件结构搭建者、加速度采集程序设计者。

【项目情景】　实时感知当前两个正交方向上的加速度变化。

【项目产品】　基于 myDAQ 的简易加速度测量系统。

1. 背景知识

加速度传感器是一种测量加速力的电子设备。加速力是指物体在加速过程中作用在物体上的力，好比地球引力，也就是重力。加速力可以是常量，比如 g，也可以是变量。加速度计有两种：一种是角加速度计，由陀螺仪（角速度传感器）改进而来；另一种是线加速度计。本项目使用后者。三轴加速度计应用广泛，例如飞行器/汽车的重力受力情况，生活中的计步器，重力振动反馈游戏手柄，机器人等。本项目使用飞思卡尔三轴加速度计，需要接收 3.3V 直流输入电压，如图 4-30 所示。如果外部供给电压大于 3.3V，板上电路将外部电压整流到 3.3V，因此使用 myDAQ 上的 5V 电源口为该加速度计模块供电。传感器的输出电压在 0～3.3V，其数值大小取决于加速度的大小。可以将速度传感器的电压输出端口连接到 myDAQ 上的电压采集端口，获取加速度信息。由于 myDAQ 上只有两个通道的模拟输入端口，所以本项目通过一个 myDAQ 设备采集 2 个轴向加速度信号。

图 4-30　飞思卡尔 MMA7260QT
三轴加速度模块

2. 硬件连接

加速度计需要一个 5V 直流电源以及地信号接线端。本项目使用 myDAQ 的 5V 电源输出端以及 DGND 和传感器模块的对应接口相连。针对信号线，采集 X 轴和 Y 轴的加速度信号，所以将传感器的 X 轴及 Y 轴输出分别连接到 myDAQ 的模拟输入口 0 与 1 的正相输入端（AI 0＋及 AI 1＋），将模拟输入口 0 和 1 的反相输入端连接到 DGND。直观连线示意图如图 4-31 所示。

3. 程序设计策略

在 LabVIEW 中，首先通过 DAQ 助手获得加速度传感器的输出电压；然后根据传感器的灵敏度指标，将采集到的电压信号换算成相应的加速度值；最后，将得到的加速度信息显示在前面板的波形图表上，如图 4-32 所示。

与以上策略对应的程序框图如图 4-33 所示，其对应的前面板设计如图 4-34 所示。

本项目针对加速度传感器的灵敏度设置。默认情况下，灵敏度为 800mV/g，其对应的加速度量程范围为 $-1.5g$～$+1.5g$。如果需要增加传感器采集范围，查阅传感器说明书，在特定引脚加载不同的电压值。本项目用默认的灵敏度进行测量。灵敏度这一概念非常直观地给出了采集到的电压与其对应的加速度值之间的关系。

采集原始的电压值之后，进行灵敏度换算之前，还需要减去传感器说明书中提到的零位偏置值。零位偏置值是用来校准传感器的变量，其值在程序前面板设置。完成校准后，

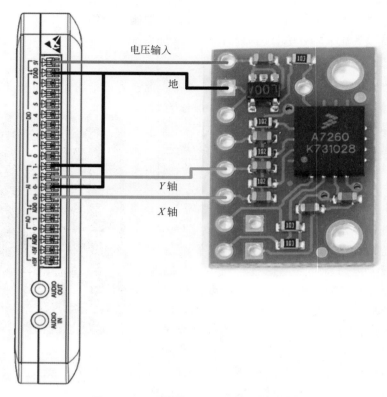

图 4-31　加速度传感器与 myDAQ 的连接

图 4-32　加速度信号采集项目的编程策略

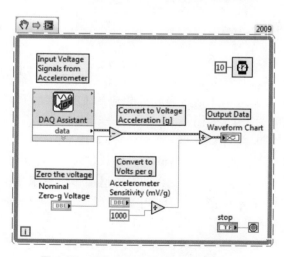

图 4-33　采集分析加速度信号程序框图

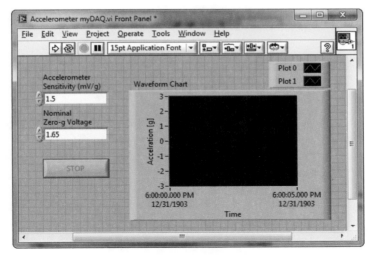

图 4-34　加速度采集信号前面板

即可把校准后的值进行电压/加速度换算,然后通过波形图表将连续采集到的加速度值显示在前面板上。

DAQ 助手中的配置步骤如下所示。

① 确保 myDAQ 正确连接到计算机。

② 新建 VI,按 Ctrl+T 组合键平铺前面板及程序框图。

③ 在程序框图中找到 DAQ 助手。

④ 将 DAQ 助手放置在程序框图中。

⑤ 在 DAQ 助手配置界面依次选择采集信号、模拟输入、电压、连接到计算机的 myDAQ 设备(通常为 Dev1),按住 Ctrl 键,同时选中 ai0 以及 ai1 两个模拟输入通道,单击"完成"按钮。

⑥ 将定时设置为"单采样"(按要求)。

⑦ 将信号输入范围中的最小值设为"0V",最大值设为"3.3V"。

⑧ Terminal Configuration(终端接线配置)设置为"Differential"(差分),其余选项按照默认设置即可。

⑨ 单击"确定"按钮。

详细配置如图 4-35 所示。

4. 更多与本项目相关的挑战

① 尝试添加第二个 DAQ 助手来采集加速度信号。在采集过程中,保证轴向的加速度值为 0。将采集到且经过平均的值作为零位偏置校准值,代替使用说明书提供的数值。

② 使用写入电子表格文件. vi(Write To Spreadsheet File. vi)将采集到的历史信息存至文件。

③ 将本项目与项目 1 相结合。当某个轴向加速度高于 1g 时,点亮 LED;或者使用七段 LED 数码管指示当前加速度的大小等级。

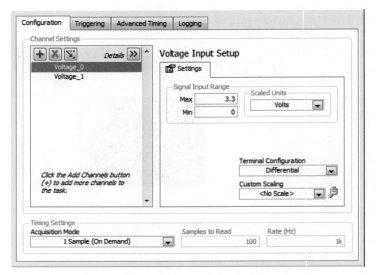

图 4-35　DAQ 助手的详细设置

4.7　项目7——使用热敏电阻感知身边的温度

【项目目的】　学习用程控方式获取外界温度的另一种方式——使用热敏电阻。

【项目组成部分】　　Vishay NTCLE-100E-3103 10kΩ、导线、myDAQ、面包板、LabVIEW 软件、学生实践报告。

【学生在项目中的角色】　硬件结构搭建者、温度采集程序设计者。

【项目情景】　实时监控周围某一特定物体的温度。

【项目产品】　基于 myDAQ 的简易温度采集系统。

1. 背景知识

热敏电阻(Thermistor)是属于敏感元件,其典型特点是对温度敏感,在不同的温度下表现出不同的电阻值。按照温度系数不同,分为正温度系数热敏电阻器(PTC)和负温度系数热敏电阻器(NTC)。正温度系数热敏电阻器(PTC)在温度越高时电阻值越大,负温度系数热敏电阻器(NTC)在温度越高时电阻值越低,它们同属于半导体器件。

项目 2 使用 RTD 测量温度,本项目将采用热敏电阻,它有何差别呢?

热敏电阻是开发早、种类多、发展较成熟的敏感元器件,由半导体陶瓷材料组成,大多为负温度系数,即阻值随温度增加而降低,温度变化将造成大的阻值改变,因此它是最灵敏的温度传感器。但热敏电阻的线性度极差,并且与生产工艺有很大关系,制造商无法给出标准化的热敏电阻曲线。热敏电阻体积非常小,对温度变化的响应快,但热敏电阻需要使用电流源,小尺寸也使它对自热误差极为敏感。

事实上,除了 RTD 以及热敏电阻之外,还有一种常常用来进行温度测量的传感器,叫作热电偶。表 4-1 从不同角度给出了这三种常用温度测量传感器的优缺点。可以看出,热电偶便宜,响应快,但是精度不高,而且最不稳定、最不灵敏。热电偶读取头和线之间的温度差异，RTD 和热敏电阻读取绝对温度值。

表 4-1　不同传感器的温度测量指标对比

标　准	热电偶	RTD	热敏电阻
温度范围/℃	−267～2316	−240～649	−100～500
精度	好	最好	好
线性度	较好	最好	好
灵敏度	好	较好	最好
花费	最好	好	较好

　　RTD 是可靠性的最佳选择，而且最稳定，精度最高；但是其响应时间太长，而且因为需要电流源，因此有自热产生。

　　热敏电阻输出很快而且相对便宜，但是它易碎，且温度范围有限。它同样需要电流源，并且比 RTD 的自热现象更严重；它还是非线性的。

　　在不同场合，应选择最适合的传感器进行设计。

　　本项目使用的 Vishay NTCLE-100E-3103 10kΩ 热敏电阻（见图 4-36）是一款低成本、高灵敏度的 NTC 热敏电阻，适合用在大范围变化的温度检测中。本项目通过 DMM 给热敏

图 4-36　Vishay NTCLE-100E-3103 10kΩ 热敏电阻

电阻供给直流电流，记录热敏电阻两端的电压情况，然后根据欧姆定律，用电压值除以电流值，得到当前的阻值。该阻值随温度而变化。在软件中，通过"阻值"与"温度"的对应代数方程关系将测量到的阻值转化为温度值，并显示出来。

2. 硬件连接

　　热敏电阻的连接方式和普通电阻类似，其一端连接到万用表的正接线端，另一端连接到负接线端。正接还是反接并不重要。连接情况如图 4-37 所示。

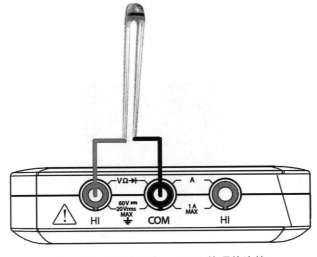

图 4-37　热敏电阻与 myDAQ 的硬件连接

3. 程序设计策略

在 LabVIEW 中,主要任务是测量变化范围在 $100\Omega \sim 100k\Omega$ 的电阻值,然后利用传感器说明书给出的"阻值"与"对应温度"方程换算出相应的温度值,最终将该值在前面板上的数值显示控件或波形图表上显示出来。程序设计策略如图 4-38 所示。

图 4-38　测温项目的编程策略

与以上策略对应的程序框图如图 4-39 所示,设计所对应的简易程序前面板如图 4-40所示。

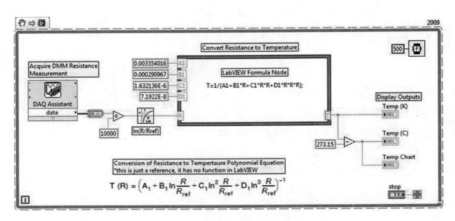

图 4-39　项目实现的源代码

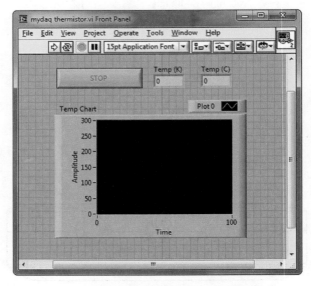

图 4-40　热敏电阻测温项目简易前面板

在程序框图中,依旧利用一个大的 While 循环作为程序架构。While 循环内最左侧的 DAQ 助手配置为从 myDAQ 的 DMM 中采集单点数据。一旦采集到数据,将其进行 10000 倍衰减并送至自然对数函数。与项目 2 类似,将处理后的有效值随数据流传递给中间的公式节点。借助它,可以快速地写出代数方程中的对应关系并得到换算后的温度值。该温度值以开尔文(K)为单位,需要转化为常用的摄氏温标值,并送至前面板的显示控件。整个 While 循环的周期设置为 500ms,因此该项目的温度更新频率为每秒钟 2 个有效数据点,即是 2Hz。

DAQ 助手的配置步骤如下所示。

① 确保 myDAQ 正确连接到计算机。

② 新建 VI,按 Ctrl+T 组合键平铺前面板及程序框图。

③ 在程序框图中找到 DAQ 助手。

④ 将 DAQ 助手放置在程序框图中。

⑤ 在 DAQ 助手配置界面依次选择采集信号、模拟输入、电阻、连接到计算机的 myDAQ 设备(通常为 Dev1)、DMM,单击"完成"按钮。

⑥ 将定时设置为"单采样"(按要求)。

⑦ 将信号输入范围中的最小值设为 100Ω,最大值设为 $100k\Omega$。

⑧ 将 Iex Source(激励源)设置为"Internal"(内部),Iex Value 设置为"1mA"。Configuration(配置)设置为"2-Wire"(两线),其余选项按照默认设置即可。

⑨ 单击"确定"按钮。

详细配置如图 4-41 所示。

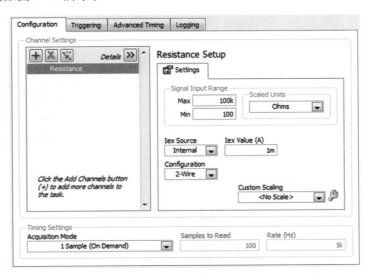

图 4-41　DAQ 助手的详细设置

4. 更多与本项目相关的挑战

① 与项目 1 配合,当测量的温度大于某一个预设值时,点亮 LED;反之,熄灭 LED。

② 使用写入电子表格文件. vi(Write To Spreadsheet File. vi)将采集到的历史温度

存至文件。

③ 使用 LabVIEW 中的代数函数替换现有公式节点。

④ 与项目 2 的 RTD 测量相比较,找出测温的不同点。

4.8 项目8——感知身边的角速度

【项目目的】 学习用程控方式采集角速度信号。

【项目组成部分】 Sparkfun IDG500 角速度模块、导线、myDAQ、面包板、LabVIEW 软件、学生实践报告。

【学生在项目中的角色】 硬件结构搭建者、角速度采集程序设计者。

【项目情景】 实时感知在两个正交方向上的加速度变化。

【项目产品】 基于 myDAQ 的简易加速度测量系统。

1.背景知识

陀螺仪(Gyroscope)是一种用来检测角度位置的装置,基于角动量守恒理论而设计。陀螺仪主要是由一个位于轴心且可旋转的转子构成。它常被用于导航、定位等系统中。它在科学、技术、军事等领域应用广泛。比如回转罗盘、定向指示仪、炮弹翻转、陀螺的转动、地球在太阳(月球)引力矩作用下的旋进(岁差)等。陀螺仪传感器最初运用在直升机模型上,现在已经广泛运用于手机这类移动便携设备(如 iPhone 的三轴陀螺仪技术)。

陀螺仪的种类很多,按用途,分为传感陀螺仪和指示陀螺仪。传感陀螺仪用于飞行体运动的自动控制系统,作为水平、垂直、俯仰、航向和角速度传感器。指示陀螺仪主要用于飞行状态指示,作为驾驶和领航仪表使用。

陀螺仪分为压电陀螺仪、微机电陀螺仪、光纤陀螺仪、激光陀螺仪等,都是电子式的,可以和加速度计、磁阻芯片、GPS 做成惯性导航控制系统。本项目 Sparkfun IDG500 角速度模块上使用的就是微机电(MEMS)陀螺仪,如图 4-42 所示。

图 4-42 Sparkfun IDG500 角速度传感模块

2.硬件搭建

Sparkfun IDG500 角速度传感模块一共引出 9 个信号及电源引脚与外界连接。表 4-2 列出了所有引脚的定义。

表 4-2 陀螺仪信号定义

引脚名称	描　述	引脚名称	描　述
V_{in}	输入电源电压(3~7V)	V_{ref}	电压基准
X_{out}	X 轴的陀螺仪输出	PTATS	温度传感器
$X_{4.5out}$	X 轴的陀螺仪输出加上 4.5 倍增益	AZ	自动校零信号
Y_{out}	Y 轴的陀螺仪输出	GND	公共地
$Y_{4.5out}$	Y 轴的陀螺仪输出加上 4.5 倍增益		

不同的应用使用不同的引脚组合。本项目使用的引脚包括 V_{in}、X_{out}、Y_{out}、AZ 和 GND。

　　微机电型陀螺仪需要外部供电才能进入工作状态。IDG500 提供了输入电源引脚 V_{in}，接受 3～7V 电源电压，可以很方便地利用 myDAQ 上的 5V 电源引脚为该模块供电。

　　该模块具有 4 个输出信号引脚：X_{out}、Y_{out}、$X_{4.5out}$ 和 $Y_{4.5out}$，用于不同的场合。表 4-3 列出了不同引脚对应的灵敏度及测量范围。

表 4-3　陀螺仪不同引脚的灵敏度与测量范围

轴	陀螺仪输出信号引脚	灵敏度/[mV/(deg·s^{-1})]	满量程测量范围/($\pm$deg·s^{-1})
X	X_{out}	2	500
	$X_{4.5out}$	9.1	110
Y	Y_{out}	2	500
	$Y_{4.5out}$	9.1	110

　　$X_{4.5out}$ 与 $Y_{4.5out}$ 引脚提供额外 4.5 倍放大信号，应对更精确的测量应用。然而，由于引入 4.5 倍信号增益，其测量量程需要牺牲一部分，从 ±500deg/s 下降到 ±110deg/s。本项目不使用 4.5 倍增益，以便获得最大的量程范围。将 X_{out} 与 Y_{out} 分别连接到 myDAQ 的两个模拟输入通道。

　　该陀螺仪还配有一个自动校零引脚，针对温度进行相应的补偿，确保输出角度信息的准确性。该引脚连接到 myDAQ 的数字 I/O 引脚 0 上。

　　最终的硬件连接原理图如图 4-43 所示。

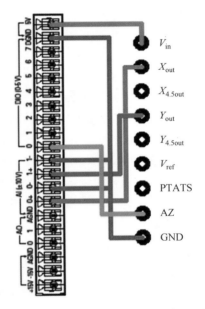

图 4-43　陀螺仪与 myDAQ 的连线原理图

3. 编程策略

　　整个系统的程序设计比上述项目略复杂，大致分为以下几部分：首先通过 myDAQ 采集传感器输出的电压信号，并根据传感器的灵敏度信息将电压值换算成角速度值。其次，由于陀螺仪需要进行零位校准，所以通过 myDAQ 向传感器 AZ 引脚发送"校零"脉冲，并利用得到的校零信息进行零点校准。最后，将角速度值对时间累加，得到角度信息。编程策略如图 4-44 所示。

图 4-44　编程策略

本项目将 DAQ 助手设置为连续采集模式。在此模式下，每两个采样点之间的间隔是通过硬件定时电路得到的。也就是说，与软件定时不同，这里得到的每两个采样点之间的时间间隔是严格相同的。得到相应的采样电压值之后，利用传感器说明书提供的公式，将电压值转化为角速度值，即

$$角速度 = \frac{陀螺仪当前输出电压 - 陀螺仪零位输出电压}{陀螺仪灵敏度}$$

其中，陀螺仪零位输出电压值为 V_{ref}，通常为 $1.35V$；针对 X_{out} 与 Y_{out}，灵敏度为 $2mV/(°/s)$。

传感器输出的是与时间相关的角速度值，所以将角速度值对时间累加（对时间积分，在高等数学中将介绍此概念）得到位移，累加公式表示为

角位移 = 第一个采样点的值 × 两个采样点之间的间隔 + 第二个采样点的值
　　　× 两个采样点之间的间隔 + …

由于两个采样点之间的间隔是不变的，将它提取出来，得到

角位移 = 所有采样点的和 × 两个采样点之间的间隔

对于上式表达式，近似写成

角位移 = 所有采样点的平均值 × 总采样时间

由此获得角位移。

然而，系统中十分容易引入外界噪声，从而降低测量的准确性。举例来说，陀螺仪通常对于周围空间的温度值非常敏感，不同的温度变化将导致其输出的漂移。事实上，如果将陀螺仪放在手上测量，会发现其输出随体温而变化。为了消除输出值漂移的影响，向陀螺仪输送一个自动校零脉冲信号，它将激活传感器上的校准功能，使得此时 X、Y 轴的输出值尽可能接近 $1.35V$（也就是零角速度）。但即使用了自动校零，进行位移计算时依然会引入偏移量，这将通过软件校准方式补偿。

明确编程策略之后，描绘整个程序运行状态如图 4-45 所示。从图 4-45 中看到，本项目有 4 个状态。在不同情况下，程序在不同状态之间跳转。当程序前面板上的 AZ，即 Auto-Zero 校准按钮没有按下时，程序连续不断地将角度位置信息输出至前面板；当按下 AZ 按钮后，程序将让 myDAQ 向传感器输出一个校准脉冲，并等待 1ms，然后进行校准处理，最终回到角速度信息采集，得到校准的角速度信息。用状态图方式可以一目了然地展示当前程序中的状态数以及状态与状态之间的跳转关系。理清思路之后，在 LabVIEW 编程实现时，可以直接将上述状态映射到程序框图中。

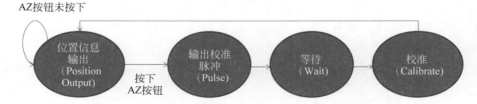

图 4-45　角度位置信息采集项目的状态跳转图

这里有必要介绍当遇到上述类似多状态问题时如何编程。LabVIEW 中提供了一个非常有用的编程模式，称为"状态机"。

那么，什么是状态机呢？简单地说，状态机是对系统的一种描述，该类系统包含有限的状态，并且在各个状态之间可以通过一定的条件进行转换。一般用状态图精确地描述状态机，如图 4-46 所示的可乐机状态图。

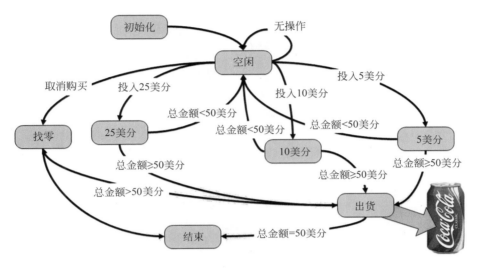

图 4-46　**可乐自动售货机状态图**

从图 4-46 中可以清楚地看到可乐机的运行过程。图中直观地表现了给可乐机投入不同金额硬币时的情况、处理步骤的各个状态及其转换关系。根据投入硬币的面值计算总金额，响应各种操作，完成一次购买，硬币总额多退少补。显然，类似这样的系统，用顺序结构难以实现。

如何在 LabVIEW 中实现一个状态机？

在 LabVIEW 中，任何一个状态机都由 3 个基本部分构成，如图 4-47 所示。

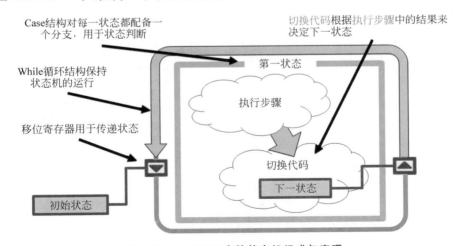

图 4-47　**LabVIEW 中的状态机组成与实现**

首先,外层是一个 While 循环,在 While 循环中包含一个条件结构(Case Structure),这两个结构在第 3 章的音频均衡器项目中介绍过。While 循环用于维持状态机的运行,条件结构用于判断不同的状态;第 3 个基本部分是移位寄存器,它是位于 While 循环左、右两壁上"带有小箭头的小方块",作为"这一次循环"与"下一次循环"之间数据存储与传递的媒介。例如,在本次循环中将一个数值通过连线传递给 While 循环右侧壁的移位寄存器,在下次循环开始时从 While 循环左侧壁对应高度的移位寄存器中读取出上一个循环周期存储的数据。在状态机中它被用来将下一个状态名称传递到下一次循环状态判断中,完成在不同循环周期中跳转到不同状态的功能。在一个完整的状态机中,一般提供初始状态、每一个状态的执行步骤及下一个状态的切换代码等。

为了充分熟悉 LabVIEW 中状态机的组成部分并了解其运行机制,暂时脱离 myDAQ 硬件设备,在纯软件环境下编制一个在不同状态之间跳转的状态机程序,以便掌握基于状态机架构的程序设计。

本子项目完成的多状态之间的跳转关系如图 4-48 所示,将用前面板上 5 个不同的 LED 指示当前跳转到哪个状态。

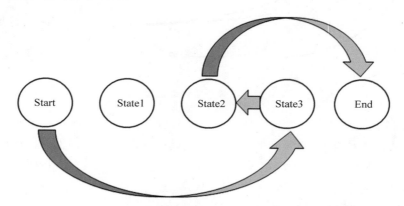

图 4-48　使用 LabVIEW 实现多状态之间跳转的程序

创建状态机模板的操作步骤如下所述。

首先,在 LabVIEW 欢迎界面下选择"文件"→"新建",如图 4-49 所示。

在打开的对话框中选择"VI"→"基于模板(From Template)"→"框架(Frameworks)"→"设计模式(Design Patterns)"下的"标准状态机(Standard State Machine)",如图 4-50 所示,打开一个状态机模板,用于实现动态流程控制。

由于本项目有 5 个不同的状态,因此需要更改与状态对应的状态枚举常量。在该模板的程序框图选中如图 4-51 中圈出的状态枚举常量,按 Delete 键将其删除。

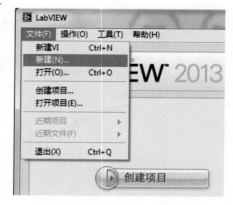

图 4-49　选择"文件"→"新建"

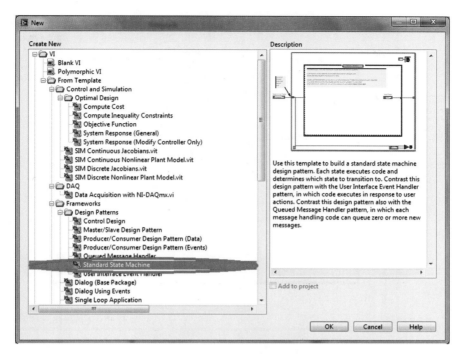

图 4-50　选择标准状态机

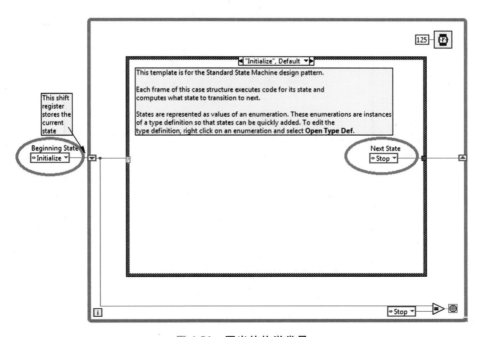

图 4-51　圈出的枚举常量

单击条件结构的右侧箭头，切换至模板的 Stop 状态，如图 4-52 所示。同样，选择 Stop 状态中圈出的枚举常量，然后按 Delete 键将其删除，如图 4-53 所示。

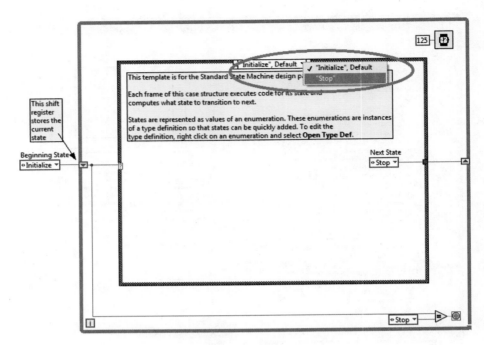

图 4-52　切换

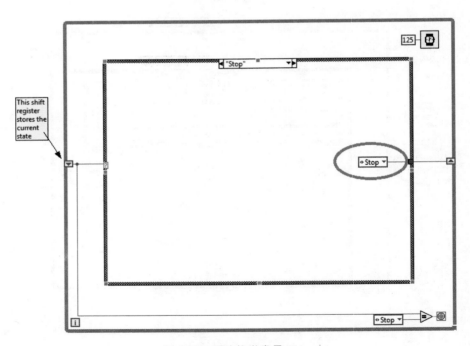

图 4-53　删除枚举常量 Stop

程序框图如图 4-54 所示。右击程序框图，然后在函数选板选择"Select a VI"。在弹出的对话框中，选择"Controls(＊. ctl，＊. ctt)"，如图 4-55 所示。

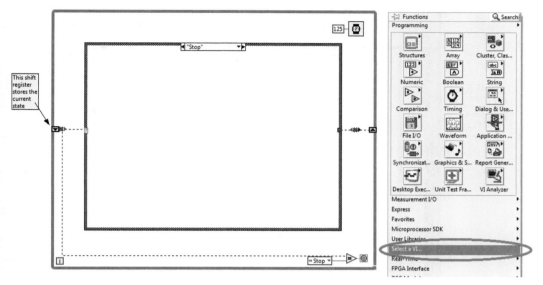

图 4-54　选择 VI

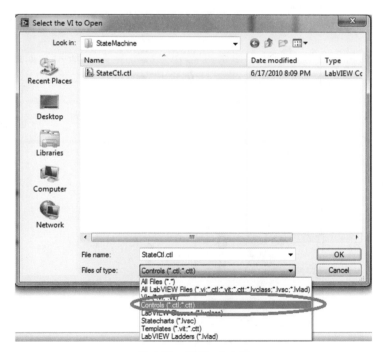

图 4-55　选择 ctl 文件

　　浏览本书附带光盘中第 4 章陀螺仪项目的状态机入门文件夹，选择"StateCtl. ctl"，将属于本项目的含有 5 个状态的枚举常量放到程序框图，并与输入端移位寄存器连接起来，如图 4-56 所示。

　　右击条件结构（Case Structure）的边框，在弹出的快捷菜单中选择"Add Case for

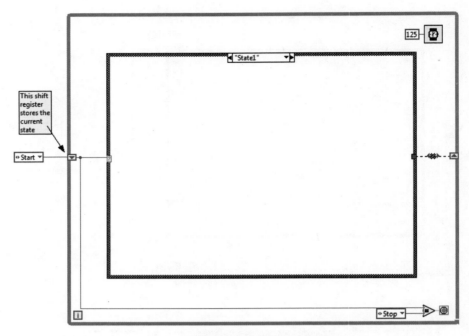

图 4-56　连接枚举常量与移位寄存器

Every Value"（为每个枚举常量状态添加过程分支），如图 4-57 所示。如此一来，在条件结构中，对应每一个枚举常量的状态，有一个处理状态的过程分支，如图 4-58 所示。

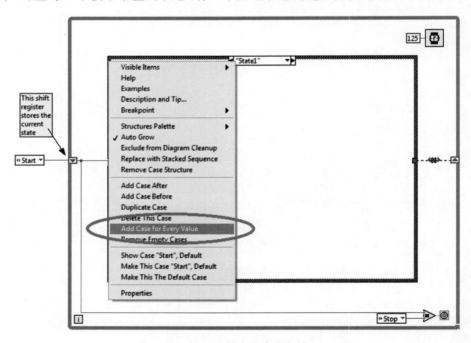

图 4-57　为每个分支添加值

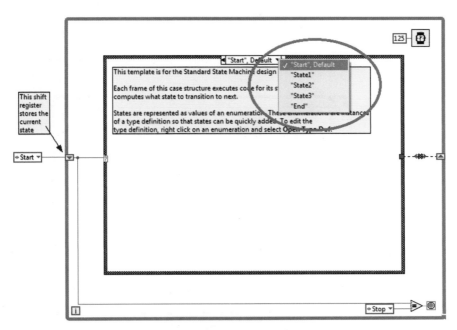

图 4-58　对应枚举常量的每个值,case 对应出现相应分支

下面根据需要的动态流程切换不同过程之间的跳转顺序和关系。

复制图 4-59 中圈出的枚举常量,将其副本放置于 Start 条件分支的分支框中,并按图中所示连接(传递下一个状态给移位寄存器)。

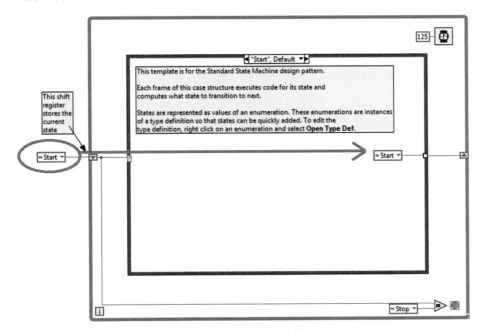

图 4-59　复制枚举常量

将图 4-59 中右侧的状态枚举常量切换成 State3，表示从 Start 状态跳转到 State3，如图 4-60 所示。

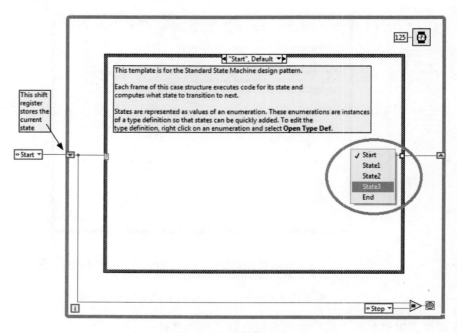

图 4-60　设置下一跳转状态

在每个状态下点亮一盏 LED，表示当前处于该状态。

在 Start 条件分支中，右击程序框图空白处，在函数选板的布尔（Boolean）子选板下选择真常量（True Constant），如图 4-61 所示。然后，将鼠标光标放置在真常量（True Constant）右侧右击，在弹出的快捷菜单中选择创建"显示控件（Create Indicator）"，在前面板创建一个 LED。执行 Start 过程时，该 LED 将被赋予"真（True）"值，被点亮，如图 4-62 所示。

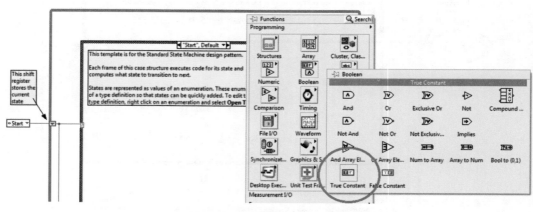

图 4-61　布尔真常量所在位置

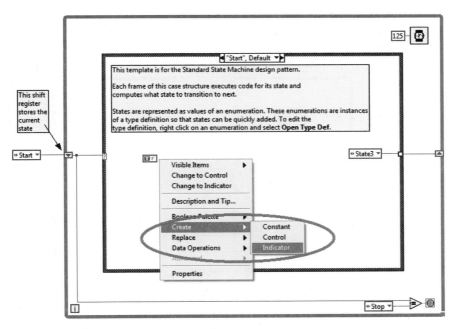

图 4-62 创建显示控件

将对应的 LED 改名为"Start"，以便识别，如图 4-63 所示。

接下来，单击条件结构上端右侧的箭头，切换至 State3 过程分支，如图 4-64 所示。

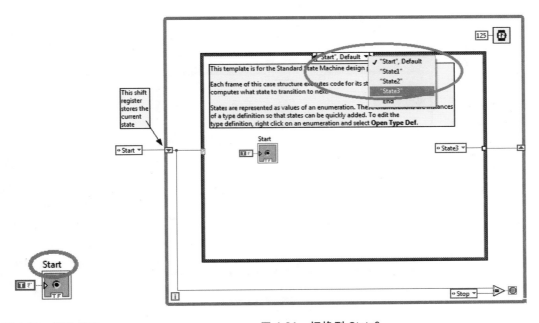

图 4-63 修改名称   图 4-64 切换到 State3

在 State3 中点亮另外一个 LED，重复以上放置真常量（True Constant）和创建显示控件(Create Indicator)的过程,并将新的 LED 命名为 State3,如图 4-65 所示。

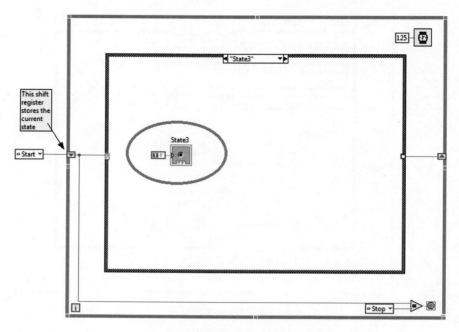

图 4-65　创建新显示控件并命名

右击右侧的空心方框,选择"Create"→"Constant",自动生成一个过程枚举常量,以便从 State3 跳转到下一个状态,如图 4-66 所示。

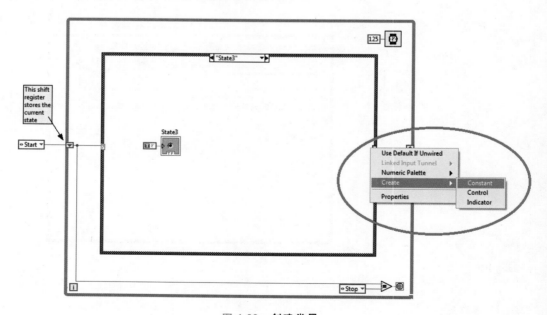

图 4-66　创建常量

由于下一个状态是 State2，所以将已创建的过程枚举常量选择为 State2，如图 4-67 所示。

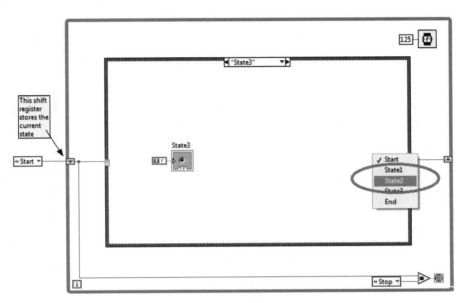

图 4-67 **选择枚举常量值**

按照上述的方法，同样地，将条件结构切换到 State2，创建名为 State2 的 LED 并赋予真常量（True Constant），且下一状态设为 End，如图 4-68 所示。

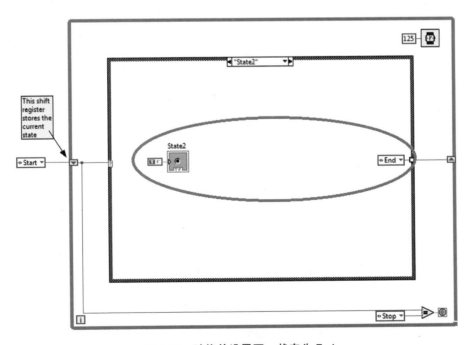

图 4-68 **赋值并设置下一状态为 End**

将条件结构切换到 End 过程分支,创建名为 End 的 LED 并赋予真常量(True Constant),且下一状态设为 End,如图 4-69 所示。

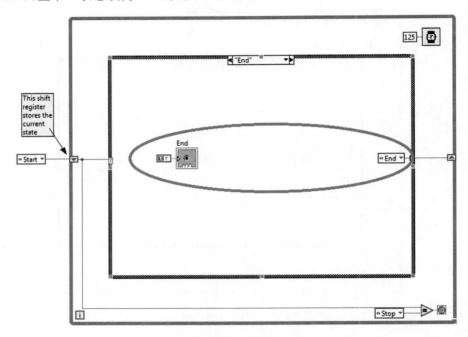

图 4-69 赋值并设置下一状态

实际上,整个流程估计颠倒了顺序,且跳过状态 1 没有执行。所以,实际上 State1 中的内容是无关紧要的。但是为了验证整个流程的正确性,仍将 State1 分支补全。创建名为 State1 的 LED 并赋予 True Constant(如果状态机实际执行时,该 LED 没有亮,说明设计的程序流程的确跳过了该状态),下一状态可以设为任意枚举常量,这里设为"Start",如图 4-70 所示。

将程序右下角的 Stop 枚举常量删除,替换为 End 枚举常量,如图 4-71 所示。这样,整个程序框图与图 4-72 一致(将右上角的时间等待设为 1000ms)。

为了方便观察,将前面板的显示 LED 替换成方形。

右击前面板上的 LED 控件,在弹出的快捷菜单中选择"替换(Replace)"→"LEDs"→"Square LED",如图 4-73 所示。

整理前面板 LED 的大小,然后单击"运行"按钮(或按快捷键 Ctrl+R)。可以看到,每个状态按照要求运行,并且跳过了 State1,如图 4-74 所示。

通过上述状态机入门子项目,可以从软件架构层面充分了解 LabVIEW 中状态机的编程方法。其中略过的枚举常量编辑与生成部分可以从 LabVIEW 帮助中找到相关内容,不再赘述。

回到与硬件相关的陀螺仪数据采集项目。如前所述,本项目含有 4 个不同的状态,所以在程序中,枚举常量被分配 4 个不同的值,分别是"Position Output"、"Pulse"、"Wait"和"Calibrate"。通常情况下,Pulse 状态是发出校准信号状态,设置为开始状态,以保证输

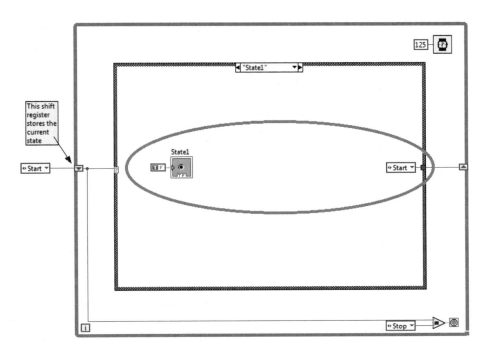

图 4-70 赋值并设置下一状态为 Start

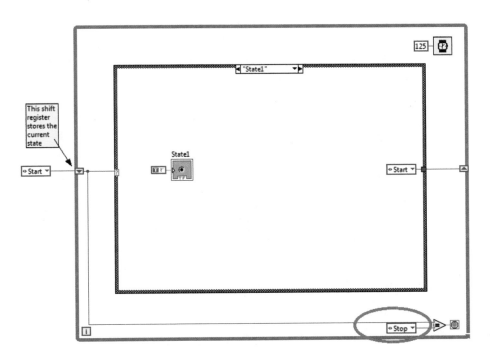

图 4-71 设置结束标志

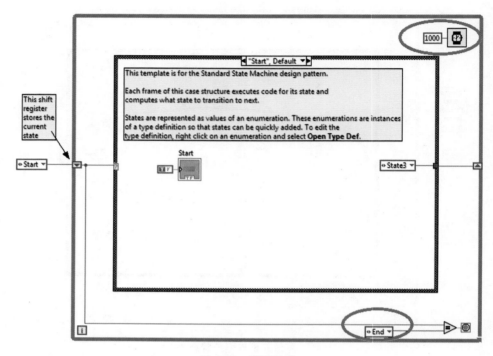

图 4-72　定时设置

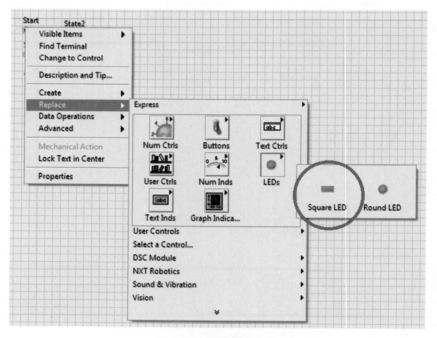

图 4-73　替换显示控件

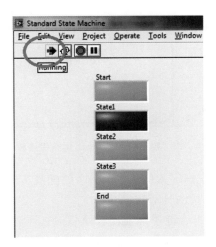

图 4-74　按照 LabVIEW 状态机设计运行的状态跳转程序

出的准确性。但是在本项目中，为了展示校准前、后陀螺仪输出信号的变化情况，特意把
"Position Output"设置为开始状态。

　　本项目的 4 个状态所对应的程序框图如图 4-75～图 4-78 所示。

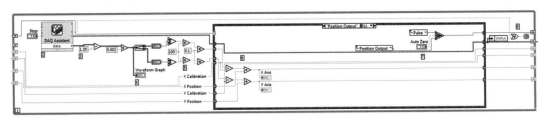

图 4-75　"位置信息输出（Position Output）"状态程序框图

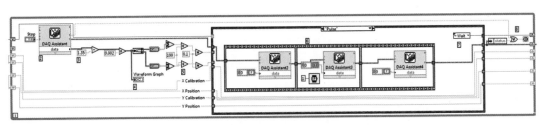

图 4-76　"输出校准脉冲（Pulse）"状态程序框图

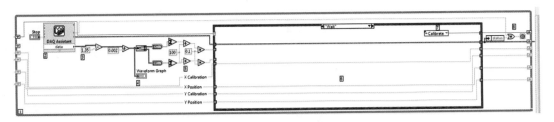

图 4-77　"等待（Wait）"状态程序框图

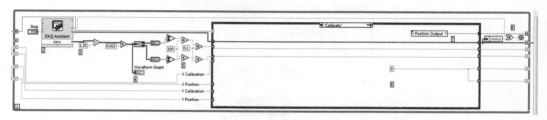

图 4-78 "校准（Calibrate）"状态程序框图

While 循环最左侧采集模拟输入的 DAQ 助手的配置步骤如下所述。

① 确保 myDAQ 正确连接到计算机。

② 新建 VI，按 Ctrl＋T 组合键平铺前面板及程序框图。

③ 在程序框图中找到 DAQ 助手。

④ 将 DAQ 助手放置在程序框图中。

⑤ 在 DAQ 助手配置界面依次选择采集信号、模拟输入、电压、连接到计算机的 myDAQ 设备（通常为 Dev1），按住 Ctrl 键的同时选中 ai0 和 ai1 两个模拟输入通道，单击"完成"按钮。

⑥ 将定时设置为"连续采样"。

⑦ 将"待读取采样"设置为 100，"采样率（Hz）"设置为 1k。

⑧ 将信号输入范围中的最小值设为 0V，最大值设为 3V（注意：两个模拟通道均需要设置）。其余选项按照默认设置即可。

⑨ 单击"确定"按钮。

详细配置如图 4-79 所示。

输出校准脉冲（Pulse）状态中用来控制脉冲输出的 DAQ 助手设置如下：

① 在函数选板中找到 DAQ 助手。

② 将 DAQ 助手放置在程序框图中。

③ 在 DAQ 助手配置界面依次选择生成信号、数字输出、线输出、连接到计算机的 myDAQ 设备（通常为 Dev1）、port0/line0，单击"完成"按钮。

④ 将定时设置为"单采样（按要求）"。

⑤ 单击"确定"按钮。

详细配置如图 4-80 所示。

基于以上配置，下面简单分析基于状态机的 LabVIEW 程序代码各个部分的工作原理。While 循环当中最左侧的 DAQ 助手负责采集连续模拟信号，意味着每一个循环运行到这里时，都将从 X 轴和 Y 轴分别得到 100 个有效的数据点。这些数据点将被"拆分信号"函数拆分成 X 轴以及 Y 轴的两路数据分量。拆分之后的各个轴向数据通过传感器说明书中的公式进行换算，得到对应轴向的角速度值，借助"数组元素相加"再平均的算法得到平均角速度。该平均角速度乘以采样的时间长度，得到相应的角位移。本例中，由于每次得到 100 个采样点，采样速率是 1000Hz，也就是 1 秒钟 1000 个有效点，所以采样时间长度为 100/1000＝0.1(s)。

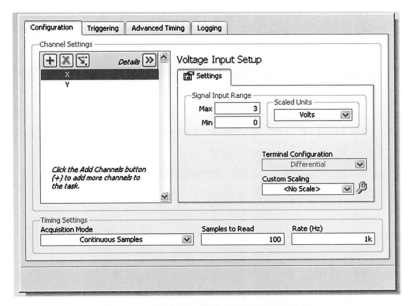

图 4-79　模拟输入采集的 DAQ 助手配置

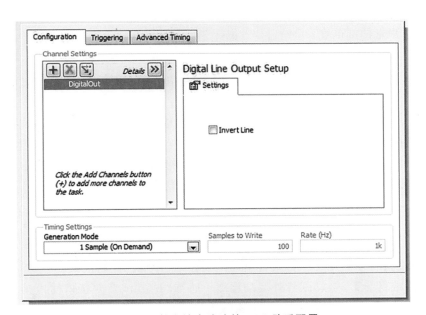

图 4-80　数字输出脉冲的 DAQ 助手配置

在"输出校准脉冲（Pulse）"状态中使用了 3 个 DAQ 助手，并使用外形类似于"电影胶片"的"平铺式顺序结构"控制这 3 个 DAQ 助手依次执行。"顺序结构"的相关信息可以通过 LabVIEW 即时帮助来了解。很多情况下，可以巧妙地利用 LabVIEW 中的数据流写出不带"顺序结构"的顺序执行效果程序。这里使用的位于第一个顺序结构框（称为"第一帧"）中的 DAQ 助手将最先运行，用于控制 myDAQ 的 port0/line0 硬件引脚输出"布尔假"，也就是低电平；顺序结构"第二帧"中的 DAQ 助手将 port0/line0 上的电压拉成高电平并延时等待 1ms；最终通过"第三帧"，将 line0 的电平拉低，形成了一个时长 1ms 的数字脉冲。

在经历了"输出校准脉冲（Pulse）"状态之后，程序进入"等待（Wait）"状态，因为传感器收到 myDAQ 给出的输出校准脉冲之后，需要经历一小段时间，才能输出校准后的有效偏移数据（offset）。在这一小段时间里，在 X 轴和 Y 轴的输出信号上很有可能出现不需要测量的错误尖峰信号（本项目中，传感器本身硬件存在的问题，因传感器不同而异），所以经过等待状态后可以避开无用的尖峰信号，进入"校准（Calibrate）"状态。此时，将校准后的 X、Y 轴当前的输出（也就是偏移量）存储到校准移位寄存器中。以后测量时，只要从移位寄存器中读取这个偏移量进行补偿，就能得到准确的测量值。与此同时，将当前状态的角度位置置零。

在"位置信息输出（Position Output）"状态，将角度位移减去先前在"校准（Calibrate）"状态得到的偏移量，得到准确的位置输出信息。

测量时，将陀螺仪在不同平面翻转，观察显示的测量数据。例如，当陀螺仪在 X 轴向被完全翻转时，根据翻转的方向不同，VI 输出应当是 180°或−180°。

值得一提的是，与其他惯性传感器一样，陀螺仪的测量误差随着时间的增长而不断累积。通常，可以通过增加采样频率，或为陀螺仪配套增加一个加速度传感器来校准位置状态信息，提升测量的准确度。

4. 更多与本项目相关的挑战

① 使用写入电子表格文件.vi（Write To Spreadsheet File. vi），将采集到的历史信息存至文件。

② 将本项目与项目 1 相结合，当某个轴向角位移大于 90°时点亮 LED；或者使用七段 LED 数码管指示当前位移的大小。

③ 传感器上的 PTATS 引脚用于消除温度漂移对测量精度的影响，使用 myDAQ 上的 DMM 测量温度，并结合 PTATS 进行更精确的测量。

4.9　项目 9——感知身边的运动信号（室内报警器）

【项目目的】　学习用程控方式检测周围物体是否运动，控制报警。

【项目组成部分】　被动式红外运动检测传感器、3.5mm 音频接口输入扬声器、导线、myDAQ、面包板、LabVIEW 软件、学生实践报告。

【学生在项目中的角色】　硬件结构搭建者、运动信号检测及报警控制程序设计者。

【项目情景】　实时感知周围环境中的运动信号，控制报警输出。

【项目产品】　基于 myDAQ 的简易室内报警系统。

1. 背景知识

在自然界，任何高于绝对零度的物体都将产生红外光谱。不同温度的物体释放的红外能量波长不同，因此红外波长与温度的高低相关。根据这一特性可知，人体也是一个热体,有恒定的体温,一般是 36~37℃,会发出特定波长 7~10μm 的红外线。基于这一特性,可以制造出相应波段敏感的红外传感器,用于探测人体的存在。

被动式红外探头依靠探测人体发射的约 10μm 红外线而工作。人体发射的红外线通过菲尼尔滤光片增强后聚集到红外感应源。红外感应源通常采用热释电元件,这种元件在接收到人体红外辐射温度发生变化时将失去电荷平衡,向外释放电荷,后续电路经过检测处理后产生检测信号。用户可以使用包括 myDAQ 在内的数据采集设备捕获人体移动的情况。这种红外热辐射人体探测方法因为成本低廉,应用技术成熟,在安防报警等人体检测领域应用广泛。

本项目用到的 PIR 被动红外运动传感器 SEN-08630 可以检测到半径 3~6m 范围内的人体运动。楼道里常用的自动感应灯也采用 PIR 传感器。

图 4-81 所示即本项目使用的 PIR 传感器。

图 4-81　SEN-08630 PIR 运动检测传感器

2. 硬件搭建

本项目使用的运动检测传感器在检测到人体移动时在其数字输出引脚输出一个有效的数字信号,所以需要将 PIR 传感器的输出数字引脚连接到 myDAQ 的数字通道 port0/line0。这也是本项目主要采集的输入信号。另外,PIR 传感器需要外部供电才能正常工作。将 PIR 传感器的电源线以及地线分别连接到 myDAQ 上的＋15V 电源输出及AGND(模拟 GND),保证电源回路正常工作。除了输入采集部分之外,还要在检测到人体运动时发出警报,所以利用 myDAQ 上的音频输出接口(Audio Out),将其与一个外部3.5mm 兼容音频扬声器相连,播放报警铃声。

详细的硬件连线原理图如图 4-82 所示。

3. 程序设计策略

用户可以根据自己的喜好设置输出报警音频率,所以正式检测程序之前,根据输入频率值准备一个报警音频文件,然后不停地采集信号来检测是否有人在附近运动。一旦检测到运动,就播放事先准备好的音频文件。编程策略如图 4-83 所示,相应的程序框图如图 4-84 所示,程序的前面板如图 4-85 所示。

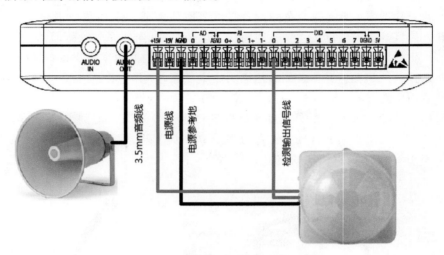

图 4-82　运动检测报警系统硬件连线图

图 4-83　编程策略

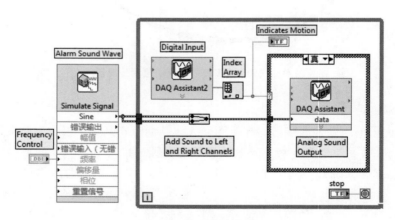

图 4-84　PIR 程序框图

　　程序中,位于 While 循环之外的 Simulate Signal 快速 VI 的详细配置如图 4-86 所示。该 Simulate Signal 输出的单一频率正弦信号之所以需要分成两股并最终通过"合并信号"函数送给后续的 DAQ 助手,原因在于用户希望左、右声道都有声音输出。

　　While 循环最左侧采集 PIR 数字输入的 DAQ 助手配置步骤如下所示。

图 4-85 PIR 程序前面板

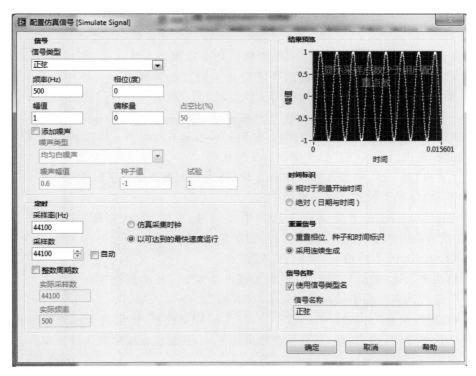

图 4-86 Simulate Signal 配置信息

① 将 DAQ 助手放置在程序框图中。

② 在 DAQ 助手配置界面依次选择采集信号、数字输入、线输入、连接到计算机的 myDAQ 设备（通常为 Dev1）、port0/line0，单击"完成"按钮。

③ 将定时设置为"1 采样（按要求）"。

④ 单击"确定"按钮。

上述 DAQ 助手的内部配置信息如图 4-87 所示。

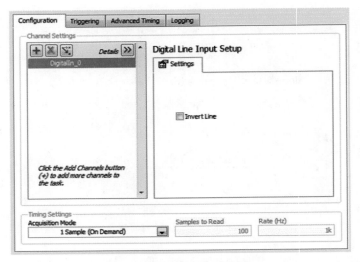

图 4-87　DAQ 助手的配置信息

　　获得 PIR 传感器输出信号之后，需要判断是否检测到人体运动，所以在 While 循环中引入判断机制，也就是"条件结构"来决定是否播放报警音频。当条件结构从前一个 DAQ 助手处得到"真"值时，表示检测到人体运动，于是跳转至条件结构的"真"分支，在此放入另一个 DAQ 助手，将在 While 循环外准备好的音频文件通过 myDAQ Audio Out 音频输出结构播放出去。若条件结构接收到"假"值，表示未检测到人体运动，不需要做任何事情，因此在条件结构的"假"分支中没有任何代码。

　　条件结构"真"分支中负责音频输出的 DAQ 助手配置步骤如下所示。

　　① 将 DAQ 助手放置在程序框图中。

　　② 在 DAQ 助手配置界面依次选择生成信号、模拟输出、电压、连接到计算机的 myDAQ 设备（通常为 Dev1），按住 Ctrl 键的同时选择"audioOutputLeft（左声道）"与"audioOutputRight（右声道）"，单击"完成"按钮。

　　③ 将两个通道的"信号输出范围"最大值设置为 2V，最小值设置为 -2V。

　　④ 将定时设置下的生成模式设置为"N 采样"。

　　⑤ 勾选"N 采样"右侧的"使用波形定时"小闹钟复选框，使用包含在与前级 Express VI 相连的信号中的定时信息（即采样数和采样率）。其余选项按照默认设置即可。

　　⑥ 单击"确定"按钮。

　　上述 DAQ 助手的详细配置信息如图 4-88 所示。

　　4. 更多与本项目相关的挑战

　　① 使用写入电子表格文件.vi（Write To Spreadsheet File.vi）将采集到的历史信息存至文件。

　　② 将本项目与项目 1 相结合，检测到有人体运动时点亮 LED。

　　③ 为该程序设计更多逻辑，例如为程序设置 30s 延时，让用户有足够的时间离开房间，之后才启用报警功能，否则程序一开始运行就会检测到用户存在，于是发出警报。

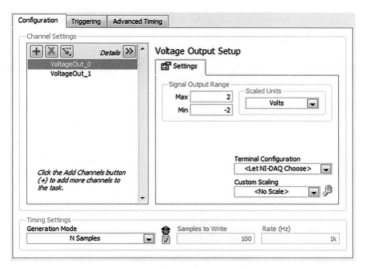

图 4-88　音频输出 DAQ 助手的配置信息

第5章　创新实践项目实例（中级篇）

第 4 章详细介绍了利用 DAQ 助手这个快速 VI(Express VI)调用 myDAQ 硬件上的模拟输入/输出、数字输入/输出以及音频输入/输出等硬件接口资源采集外界传感器信号或者输出信号去激励外部硬件电路。不难发现，通过交互式配置，DAQ 助手能够完成用户指定的各项功能。然而，DAQ 助手提供给的配置选项和功能十分有限。当用户希望有更加灵活、丰富的采集及控制功能时，DAQ 助手将无法胜任，这时需要使用比它更底层的硬件驱动函数对硬件进行更加灵活和精细的配置与控制，以便完成复杂的系统设计。

本章将结合项目实例介绍较复杂的 myDAQ 应用。

首先，完成如下准备工作：在 LabVIEW 中新建一个空白的 VI，并将一个 DAQ 助手快速 VI 放到空白 VI 的程序框图中。默认选择"采集信号"→"模拟输入"→"电压"，并选择硬件通道为 myDAQ 的 ai0，然后单击"完成"按钮。在 DAQ 助手的配置对话框中保持所有默认参数，然后单击"确定"按钮。在程序框图中出现配置完成的 DAQ 助手，它将按照配置信息完成模拟电压的单点采集工作。若要了解 DAQ 助手的底层是如何实现的，打开 DAQ 助手函数的前面板，方法是：将鼠标悬停在 DAQ 助手上，右击，然后在弹出的快捷菜单中选择"打开前面板"，如图 5-1 所示。

LabVIEW 提示是否将 DAQ 助手快速 VI 转换为标准子 VI，单击"转换"按钮，如图 5-2 所示。此时显示的窗口即"模拟电压单点采集"DAQ 助手的底层前面板。可以通过快捷键 Ctrl＋E 观察其对应的程序框图代码，如图 5-3 所示。

图 5-1　DAQ 助手"打开前面板"

图 5-2　将快速 VI 转换为标准子 VI

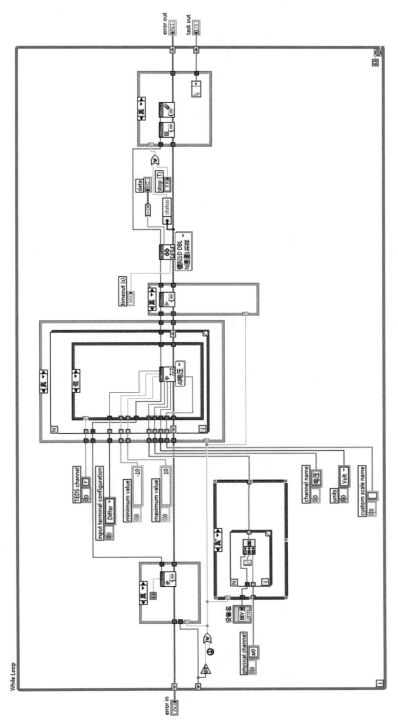

图 5-3　DAQ 助手转换后代码

程序框图中有一些似曾相识的 VI 函数,其图标上沿标记有"DAQmx"字样。可以在函数选板的"测量 I/O"→"DAQmx-数据采集"下找到以 DAQmx 为前缀的 VI,它们与 DAQ 助手快速 VI 位于同一个函数选板下,如图 5-4 所示。

图 5-4　DAQmx 及 DAQ 助手位于同一个函数选板

　　DAQmx 是一套完整的数据采集应用程序编程接口,它面向所有在工业界成熟应用的 NI 数据采集硬件,涵盖各种设备功能和设备系列,即一台多功能设备的所有功能都可通过同一功能集(模拟输入、模拟输出、数字 I/O 和计数器)编程。使用 NI-DAQmx 搭建的数据采集应用将受益于 NI-DAQmx 这一专门针对最优化系统性能而设计的架构。该架构以一个高效的状态模型为基础,去除了不必要的重复配置。将这些系统占用去除后,配置和采集过程都得到优化。NI-DAQmx 的多线程性可实现同时进行多个数据采集操作,大大提高了多操作应用的性能,同时简化了此类应用的编程。

　　严格地说,上述 DAQ 助手是 DAQmx 这一套 VI 中的一个,只不过它使用了基于配置的快速 VI 技术,所以将系统的复杂度更抽象化,去除了底层一些烦琐的参数设置,达到快速编程的目的。本章介绍的其他 DAQmx VI 是 DAQ 助手的底层实现,可以进行更加灵活的配置与控制,完成更加复杂的项目应用。更为重要的是,虽然本章介绍的应用仅针对 myDAQ 硬件设备,但只要掌握了 DAQmx 的编程方法,用户设计的程序可以很快地移植到工业现场的其他 NI DAQ 设备上,充分地将实验室项目与工业实际应用无缝连接。

5.1　动手项目 1——180°自动距离扫描系统

　　【项目目的】　学会将电机控制与距离测量融合在一起,完成自动距离扫描系统。

　　【项目组成部分】　夏普 GP2Y0A02YK 红外测距传感器、Tower Pro SG90 伺服电机、导线、myDAQ、面包板、LabVIEW 软件、DAQmx 驱动程序、学生实践报告。

　　【学生在项目中的角色】　硬件结构搭建者、距离信号检测及电机控制程序设计者。

　　【项目情景】　自动控制电机配合距离传感器收集并显示距离随角度变化的情况。

　　【项目产品】　基于 myDAQ 的 180°自动距离扫描系统。

1. 背景知识

本项目使用的 GP2Y0A02YK 是夏普红外距离传感器家族成员之一，它可提供 150cm 探测距离，用于机器人测距、避障及高级路径规划，是机器视觉及其应用领域的不错选择。由于它会将距离信息直接通过模拟电压输出，所以属于模拟传感器。在本项目中作为信号输入采集的部分。Tower Pro SG90 是一款常用的小型舵机。在本项目中作为信号输出控制的对象，通过数字输出口进行位置控制。

2. 硬件搭建

本项目的硬件连线原理图如图 5-5 所示。需要将舵机转子与红外传感器绑定，用户控制舵机转动的时候，带动距离传感器对周围的距离进行转动扫描式测量，效果如图 5-6 所示。

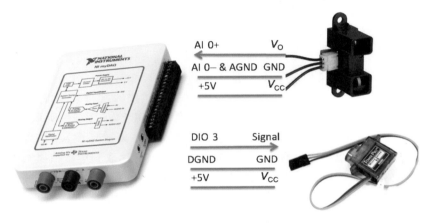

图 5-5　舵机及距离传感器与 myDAQ 的连接

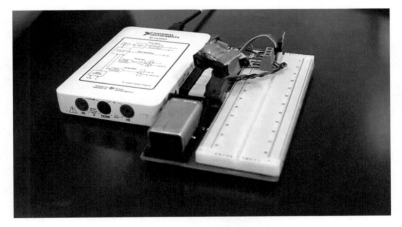

图 5-6　自动距离扫描系统

3. 程序设计

在 LabVIEW 中选择"文件（File）"→"创建项目（Project）"新建一个空白项目。在项目浏览器(Project Explorer)中右击"我的电脑",然后选择"新建 VI",将从这个空白 VI 开始编写程序。

首先完成读取距离的工作,也就是采集电压信号。在程序框图中放置 DAQmx 创建虚拟通道. vi(DAQmx Create Virtual Channel. vi)。默认情况下,LabVIEW 自动把输入通道配置为 AI 电压,即模拟输入电压。当然,如果需要更改为输出电压,非常简单,只要单击该 VI 下面的小三角,选择"模拟输出/电压"即可。因为当前是采集距离传感器输出的电压信号,所以选择"模拟输入/电压"。VI 将创建一个 DAQ 数据采集任务,在其右上角有一个叫作"任务输出"的接线端,所有与该接线端相连的 DAQmx 系列 VI(也就是在这一条数据流上的 VI)都将针对该任务操作。

当前创建了一个模拟电压采集虚拟通道,但没有明确采集 myDAQ 上哪一个物理通道的电压值,所以将鼠标悬停在该 VI 左侧从上往下数第二个接线端上并右击,然后选择"创建/输入控件"(Create Control),未来将在这个输入控件选择模拟输入的采集通道名称。

完成输入采集通道配置之后,通过读取函数将 myDAQ 采集的电压值读取到 LabVIEW 中。在程序框图中放置 DAQmx 读取. vi(DAQmx Read. vi),并且用连线将"DAQmx 读取"VI 的"任务输入"接线端以及"错误输入"接线端分别与"DAQmx 创建虚拟通道"VI 的"任务输出"接线端以及"错误输出"接线端相连,如图 5-7 所示。

由于 GP2Y0A02YK 的模拟输出电压与其检测到的距离成反比,与距离绘图方法刚好相反,因为用户希望距离较远时显示较大的数值,所以对读取到的数值做一个简单的数学处理,用常数 5 减去读取的数值,并将结果送至数值显示控件。然后,放置 DAQmx 清除任务. vi(DAQmx Clear Task. vi)结束任务,并释放占用的硬件资源。程序框图如图 5-8 所示。

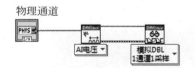

图 5-7　DAQmx 创建虚拟通道与 DAQmx 读取　　图 5-8　模拟输入采集通道 DAQmx 程序

对于输出控制舵机,类似地采用上述采集模式。

在程序框图中放置 DAQmx 创建虚拟通道. vi(DAQmx Create Virtual Channel. vi),然后单击 VI 下方的小三角并选择"计数器输出"→"脉冲生成"→"时间"(Counter Output→Pulse Generation→Time),为"计数器"接线端创建输入控件,便于用户选择脉冲输出的计数器硬件通道。

输出控制与输入采集不同的是:对于距离传感器,采用的是软件按要求读取的方式,也就是每当执行"DAQmx 读取"函数时,得到一个有效数值;而对于输出舵机的控制,希望连续地给舵机输出数字脉冲,直到用户告诉它何时停止。于是需要添加一个"DAQmx 定时"VI(DAQmx Timing):单击该 VI 下方的小三角并选择"隐式(计数器)",右击该 VI 的"采样模式(Sample Mode)"接线端,并选择"创建/常量",将产生的枚举常量选择为"连续采样(Continuous Samples)"。定制配置之后,若希望任务马上开始,放置一个

"DAQmx 开始任务"VI(DAQmx Start Task)。

在程序的最后添加一个顺序结构（Sequence Structure），并放置一个等待函数（Wait(ms)），并赋值 30ms，主要是为了保证硬件有足够的时间至少输出一个完整的脉冲信号。如果至少产生一个完整的脉冲信号之前，重新设置了脉冲信号的高、低电平值，LabVIEW将报错。

当前整个输出控制端的程序框图如图 5-9 所示。

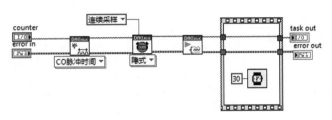

图 5-9　DAQmx 输出控制舵机程序

到目前为止，完成了输入采集以及输出控制的单元程序。这些单元程序通常可以被单独封装成一个个模块，当用户需要在系统顶层程序中使用某个功能时，可以非常方便地调用相应的功能模块，不用关心底层细节。在 LabVIEW 中，通常用"子 VI"的方式实现程序的模块化。

在程序框图窗口中，将鼠标停留在左上角空白处，然后按住左键，向右下方移动，LabVIEW 将沿着鼠标移动的方向勾画出一个矩形虚线框，如图 5-10 所示。松开鼠标，被选中的区域代码高亮显示。此时在菜单栏选择"编辑"→"创建子 VI"（"Edit"→"Create SubVI"），先前被选中的这部分代码将被封装到图 5-11 所示的 VI 当中。

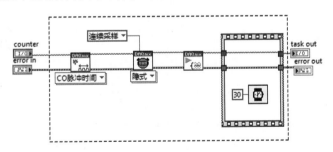

图 5-10　拖动鼠标选中一段程序

图 5-11　子 VI 封装完毕

双击图 5-11 中被封装好的子 VI，按 Ctrl＋E 组合键打开其对应的程序框图，会发现先前编写的计数器输出控制程序都被封装在这个 VI 里，如图 5-12 所示。下次使用时，通过外部送入计数器的硬件通道名即可完成输出控制。

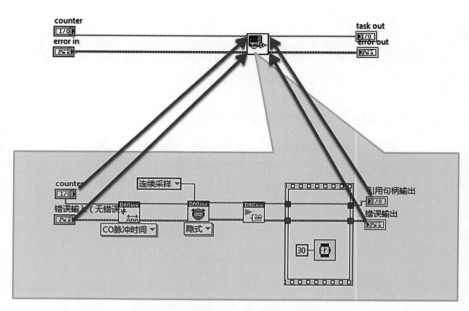

图 5-12　创建的子 VI 及其内部代码

需要注意的一点是,如果程序当中做了很多不同功能的封装,而用户不对这些封装好的子 VI 进行图标设计,阅读程序将比较困难。所以,有必要养成标注子 VI 图标的好习惯,方法是:双击新创建子 VI 的右上角图标,如图 5-13 所示,打开图标编辑器(Icon Editor)。LabVIEW 的图标编辑器中预存了很多现成的小图片,可以通过拖曳非常迅速地完成新图标设计及标注,方便未来阅读程序。图标编辑器如图 5-14 所示。

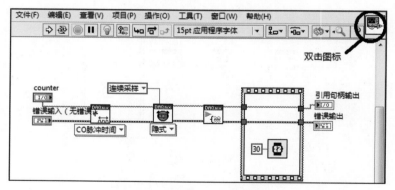

图 5-13　双击子 VI 右上角的图标

根据程序功能模块化的想法,将实现输入采集功能的 VI 模块化为"输入采集初始化"(Scan_Input_Initialize. vi)、"输入采集数据读取"(Scan_Input_Read. vi)以及"输入采集任务清除"(Scan_Input_Clear. vi)3 个子 VI。将输出控制功能的 VI 模块化为"输出控制初始化"(Output_Control_Servo_Initialise. vi)、"写输出控制信号"(Output_Control_Servo_Write. vi)及"输出控制任务清除"(Output_Control_Servo_Clear. vi)3 个子 VI,其程序框图分别如图 5-15～图 5-20 所示。

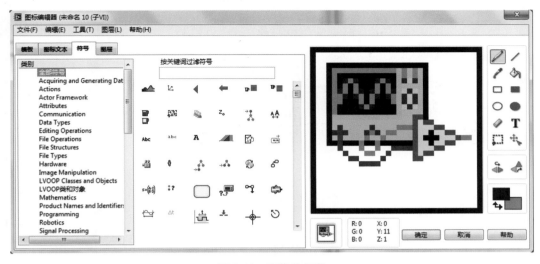

图 5-14　**图标编辑器**

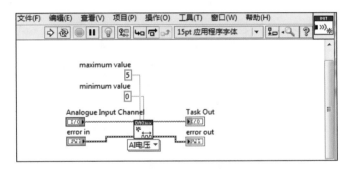

图 5-15　**输入采集初始化（Scan_Input_Initialize.vi）**

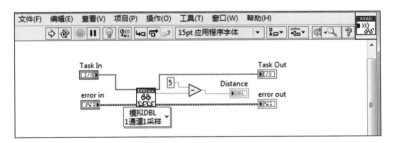

图 5-16　**输入采集数据读取（Scan_Input_Read.vi）**

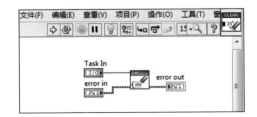

图 5-17　**输入采集任务清除（Scan_Input_Clear.vi）**

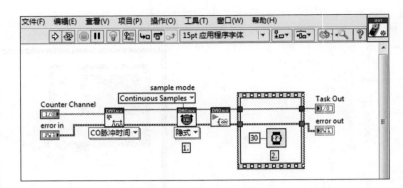

图 5-18　输出控制初始化（Output_Control_Servo_Initialise.vi）

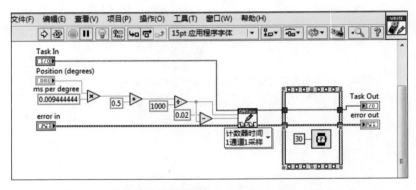

图 5-19　写输出控制信号（Output_Control_Servo_Write.vi）

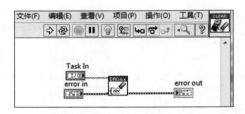

图 5-20　输出控制任务清除（Output_Control_Servo_Clear.vi）

以上子 VI 程序框图中特意保留了为每个子 VI 设计的右上角图标。不难发现，通过这些直观的图标，能快速地了解每个子 VI 的功能用途。

至此，我们创建了一系列子 VI。当所要实现的项目越来越复杂时，其中包含的子 VI 越来越多，此时需要在 LabVIEW 中对不同类型和功能的子 VI 进行分类维护。可以通过 LabVIEW 项目浏览器实现。

在项目浏览器中选择"我的电脑"，然后单击"新建"→"虚拟文件夹"，如图 5-21 所示。

将新建虚拟文件夹命名为"Scan Input VIs"，然后右击该虚拟文件夹，并选择"添加"→"文件"，将先前创建的与输入相关的"输入采集初始化"（Scan_Input_Initialize.vi）、"输入采集数据读取"（Scan_Input_Read.vi）以及"输入采集任务清除"（Scan_Input_Clear.vi）

3 个子 VI 添加至该虚拟文件夹下。同理,将输出相关的子 VI 进行相应的添加和归类,最终得到如图 5-22 所示的 LabVIEW 项目浏览器。

图 5-21　新建虚拟文件夹

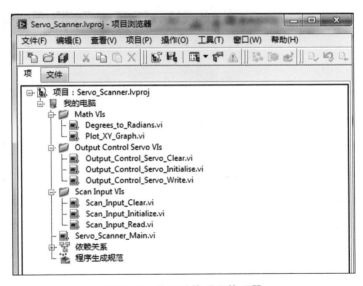

图 5-22　整理后的项目管理器

可以看到,不同的程序归类在不同的虚拟文件夹当中,无论是添加还是删减功能子 VI,都非常清晰和方便。在项目浏览器中多出了两个专门进行数学计算的子 VI,分别负责将角度换算成为弧度,以及将采集到的距离信息通过 X-Y 轴图的方式描绘在前面板上。程序框图分别如图 5-23 和图 5-24 所示。

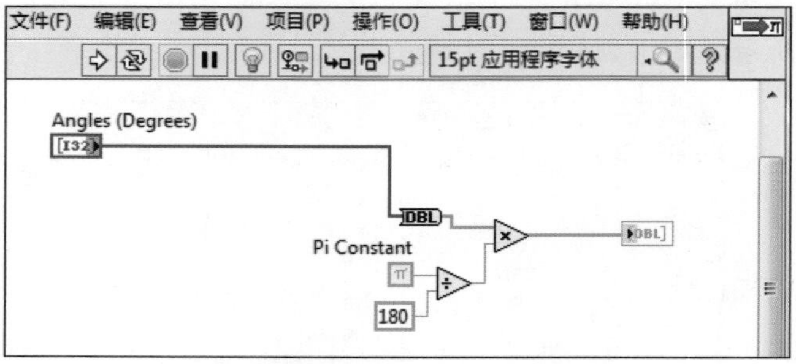

图 5-23 **将角度转化为弧度**

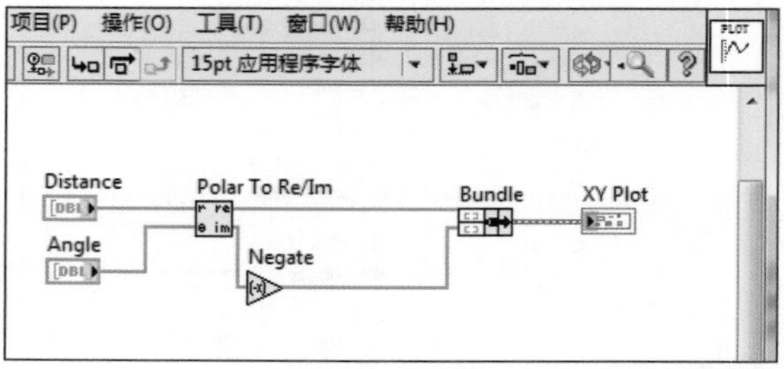

图 5-24 **描绘 *X-Y* 图**

上面介绍了所有子 VI 的功能，下面将设计整个项目的最顶层 VI 程序。

有意识地将输入和输出两条数据流分别放置在顶层 VI 的上端和下端，整个顶层程序框图如图 5-25 所示。

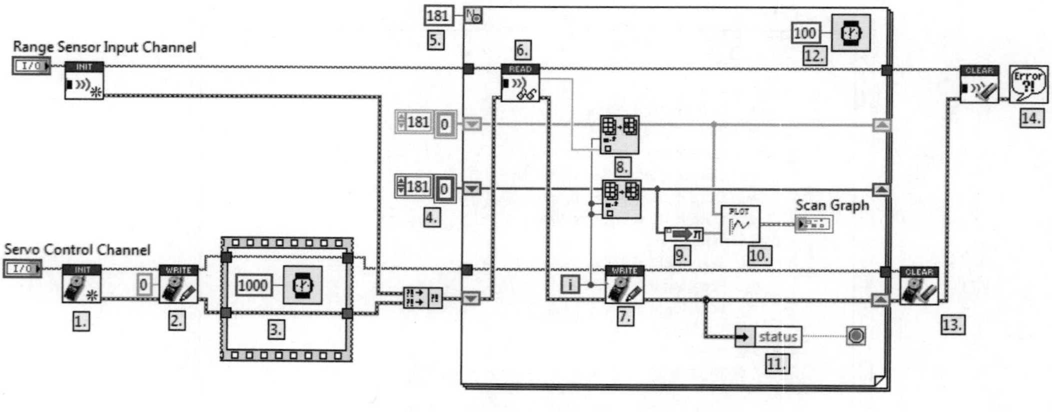

图 5-25 **顶层 VI 程序框图**

上端的数据流分别流经“输入采集初始化”(Scan_Input_Initialize. vi)、“输入采集数据读取”(Scan_Input_Read. vi)以及“输入采集任务清除”(Scan_Input_Clear. vi)3 个子 VI。在循环内部每一次执行 Scan_Input_Read. vi，获取一个有效的距离数据。

下端的数据流分别流经“输出控制初始化”(Output_Control_Servo_Initialise. vi)、

"写输出控制信号"(Output_Control_Servo_Write. vi)、"输出控制任务清除"(Output_Control_Servo_Clear. vi)。其中,循环外部的 Output_Control_Servo_Write. vi 负责将舵机归到 0°初始位置,循环内部的 Output_Control_Servo_Write. vi 每次在执行时随着循环次数的递增控制舵机当前的转向位置。每一个固定角度位置读取的距离信息连同当前角度一同通过 Plot_X-Y_Graph. vi 将曲线描绘在 X-Y 图上。项目运行效果如图 5-26 所示。

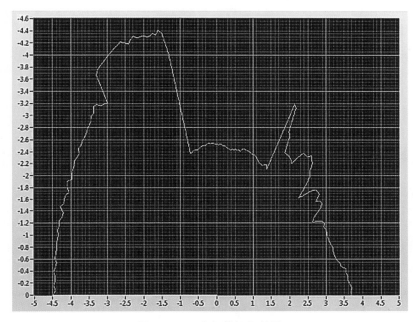

图 5-26　距离扫描运行效果

在项目实践过程中,如果直接使用 myDAQ 上的 5V 电源给外围设备供电,很可能出现如图 5-27 所示的错误。这是什么原因引起的呢? 或许可以从 myDAQ 的技术规范中找到答案。

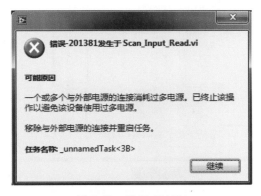

图 5-27　错误 201381

5.2　动手项目 2——DAQmx 版本的音频均衡器

【项目目的】　了解 LabVIEW 软件环境、编程基本元素以及实现方法，体会基于项目的学习，深度理解 DAQmx 驱动程序的组成部分，区别、比较 DAQ 助手与 DAQmx 底层函数。

【项目组成部分】　麦克风、音频线、扬声器、数据采集与控制器 myDAQ、均衡器控制与监测软件、学生实践报告。

【学生在项目中的角色】　均衡器硬件系统搭建者、音频信号分析专家、界面设计专家。

【项目情景】　模拟一个带有真实信号的 DJ 音频均衡器系统。

【项目产品】　自制的音频均衡器软、硬件系统。

1. 背景知识及硬件搭建

请参考第 3 章的动手项目（把计算机和 myDAQ 变成 DJ 手上的音频均衡器）。

2. 程序设计

将第 3 章中基于 DAQ 助手实现的音频均衡器程序框图重绘如图 5-28 所示。不难发现，从代码中直接获得的信息非常有限，无法直接看到模拟音频信号采集通道的采样率，无法了解模拟音频信号输出通道的更新速率，也无法控制输出与输入通道之间的延时。若要修改程序中某个通道的采样或者生成参数，只能双击打开 DAQ 助手快速 VI 进行修

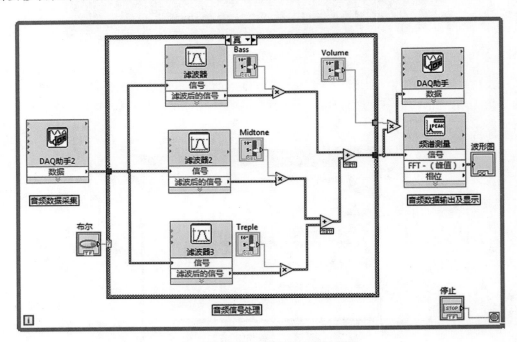

图 5-28　DAQ 助手版本的音频均衡器

改。若要使用 DAQ 设备中比较高级的功能，如获取加电状态、自校准等功能，DAQ 助手将束手无策。事实上，在工程应用中，绝大多数 DAQ 应用程序都是用 DAQmx 底层驱动程序 VI 编写的，因为它们更高效、更强大。本项目将按照原有思路和数据流改写音频均衡器程序。对于输入采集数据链路，常用的 DAQmx VI 顺序为 DAQmx 创建通道→DAQmx 定时→DAQmx 控制任务→DAQmx 开始任务→DAQmx 读取（对于循环采集来说，该 VI 位于循环结构内）→DAQmx 清除任务。

对于输出生成信号的数据链路，常用的 DAQmx VI 顺序为 DAQmx 创建通道→DAQmx 定时→DAQmx 写入（对于连续循环输出来说，需要在 DAQmx 定时处设置 continuous samples。DAQmx 在默认情况下将这里写入的数据连续且循环输出，即 regenerate）→DAQmx 控制任务→DAQmx 开始任务→DAQmx 任务完成→DAQmx 清除任务。

当然，如果要像本项目这样不断地输出采集到的新数据（不是连续循环输出同一组数据），需要借助属性配置，首先在循环外部将"重生成模式"属性设为"不允许重生成"，然后在循环内部源源不断地将采集到的经过均衡处理的信号输送给"DAQmx 写入 VI"。

本项目的程序可以在 NI ELVISmx Instrument Launcher 中找到。在"开始菜单/所有程序/National Instruments/NI ELVISmx for NI ELVIS & NI myDAQ"文件夹下可以找到"NI ELVISmx Instrument Launcher"。单击 Launcher 左下角的"Featured Instruments"，可找到本项目使用的 DAQmx 版本均衡器程序，如图 5-29 所示。该均衡器程序框图如图 5-30 所示。从图 5-30 中能清楚地看到输入/输出通道的各项配置，并且充分了解使用 DAQmx 底层驱动函数编写输入采集及输出生成信号相结合的应用程序。

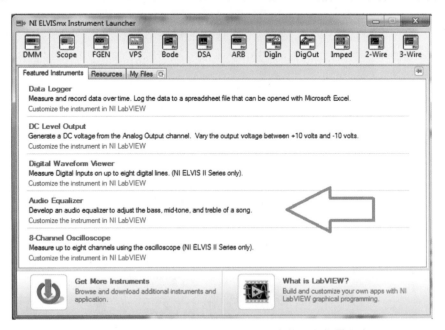

图 5-29　ELVISmx Instrument Launcher 中的更多仪器程序

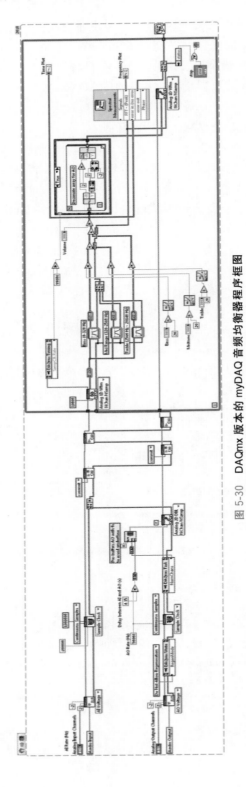

图 5-30 DAQmx 版本的 myDAQ 音频均衡器程序框图

5.3 动手项目 3——红外无线音乐遥控器

【项目目的】 学会使用红外发射与接收管实现红外音乐遥控器。

【项目组成部分】 myDAQ、红外发射与接收二极管、各阻值电阻、触点开关、面包板、信号采集及输出控制软件、学生实践报告。

【学生在项目中的角色】 红外遥控与接收机硬件搭建者、数据采集和激励信号控制专家、音乐播放器控制专家。

【项目情景】 使用遥控器在数米之外遥控计算机上的播放器播放音乐。

【项目产品】 自制的红外无线音乐遥控器。

1. 背景知识

光电二极管（Photo-Diode）和普通二极管一样，是由一个 PN 结组成的半导体器件，具有单向导电特性。但在电路中，它不作为整流元件，而是把光信号转换成电信号的光电传感器件。普通二极管在反向电压作用时处于截止状态，只能流过微弱的反向电流；光电二极管在设计和制作时尽量使 PN 结的面积相对较大，以便接收入射光。光电二极管是在反向电压作用下工作的，没有光照时，反向电流极其微弱，叫作暗电流；有光照时，反向电流迅速增大到几十微安，称为光电流。光的强度越大，反向电流越大。光的变化引起光电二极管电流变化，把光信号转换成电信号，称为光电传感器件。也就是说，当有红外光照射在光电二极管上时，就能动态改变它对外呈现的电阻值。当照射的红外光增强时，呈现较大的阻值；反之，呈现较小的阻值。利用这一原理，可以通过一个分压电路测量是否有红外光照射在光电二极管上，见图 5-31(a)；发出红外光的部件就是遥控器，见图 5-31(b)。

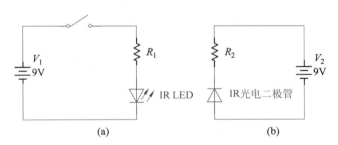

图 5-31 **系统原理示意图**

2. 硬件搭建

按照上述背景知识，在面包板上实现一个如图 5-32 所示的简单分压器，上端的 R_1 使用普通电阻，下端的 R_2 可以替换成光电二极管。只需要通过 myDAQ 测量 R_1 与 R_2 之间节点的对地电压，就能了解 R_2 的变化情况，判断红外光发射器是否被启动。

用户不仅希望接收器判断是否有红外信号发射过来，而且要实现与 iPod 线控类似的功能，即按一下遥控按键就开启音乐，连按两下调至下一首歌曲，等等。因此，为了智能感知红外发射器发射了单个脉冲（按下一次），还是多个脉冲信号（连按多次），并且由指示灯指示当前接收信号的状况，在硬件上外加一部分电路用于实现边沿检测（这部分功能完全可以通过软件实现）和信号指示，其原理图如图 5-33 所示。

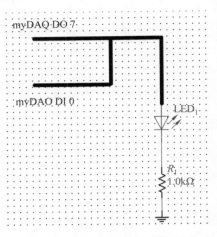

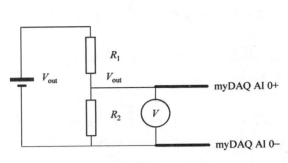

图 5-32　简单的分压器原理　　　　图 5-33　数字跳变边沿检测电路

　　每当 myDAQ 的模拟输入检测到电压值升高，即意味着光电二极管接收到有效的红外信号，其两端电压将由低电平跃升为高电平，myDAQ 会同时经由 DO 7 号脚输出一个高电平，点亮图 5-33 中的 LED。与此同时，由于 DI 0 与 DO 7 处于短接状态，于是通过 myDAQ 上的硬件计数器截取有效的边沿跳变信号。在软件中，给定 3s 固定延时。在这段时间内，DI 0 将计算一共出现几个有效跳变边沿。对应 1、2、3 次跳变，告知 iTunes 分别完成"播放/停止"、"跳至下一首"和"返回上一首"切换操作。

　　在面包板上实现的接收器部分如图 5-34 所示。红外发射器则非常简单，即一个红外发射管与电阻、按键开关及电池的串联电路，其物理实现如图 5-35 所示。

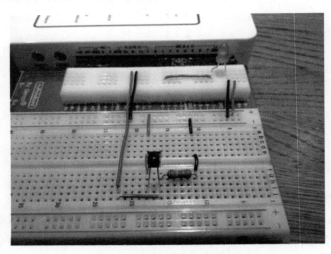

图 5-34　红外接收器物理实现

图 5-35　红外发射器物理原型

3. 软件设计

整个程序使用大 While 循环结构。本实例依旧使用 DAQ 助手实现，请尝试将其改写为 DAQmx 版本。

在 While 循环中实现使用模拟通道采集的 DAQ 助手采集 myDAQ 模拟输入 0 通道上的模拟电压。该电压为光电二极管上的压降，即有红外光照射时，其阻值增大，模拟通道 0 测得的电压增大；反之，则减小。

其次，将模拟通道 0 采集的电压与前面板上设置的门限阈值相比较。如果超过阈值，则认为是一个有效的红外发射信号，并将其转换为布尔量发送给后续的 DAQ 助手。程序前面板如图 5-36 所示。

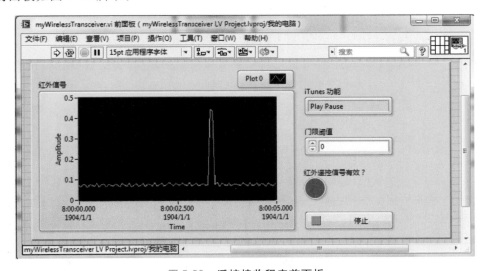

图 5-36　遥控接收程序前面板

第二个 DAQ 助手用来接收前级发送过来的布尔数据流,并控制 myDAQ 的数字输出引脚 DO 7。当外部红外开关发射红外信号时,使 DO 7 拉为高电平,外部 LED 指示灯被点亮。

第三个 DAQ 助手将读取 myDAQ 上计数器 0 的边沿检测值,即读取 DI 0 上的电平值。在面包板上,DI 0 和 DO 7 被短接,因此每当红外发射器发出一个有效值时,DI 0 上就会读取到一个从低电平到高电平的跳变。这个边沿检测 DAQ 助手将和一个延时函数配合,计算 3s 之内系统总共采集到几个有效跳变边沿(即几次有效按键)。

最终将获取的有效按键次数传送给 iTunes 子 VI,用于控制播放器的行为。这个子 vi 用 ActiveX 方式连接 iTunes 音乐播放软件。当然,也可以采用同样的方式控制 Windows Media Player。

整个程序框图如图 5-37 所示。

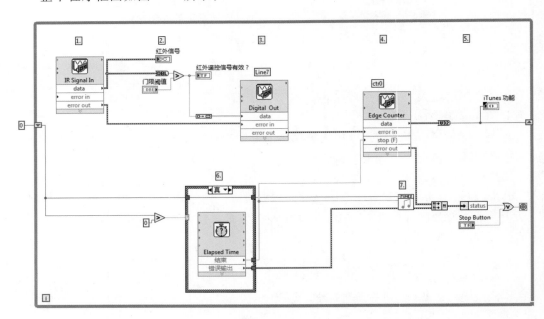

图 5-37　程序框图

5.4　动手项目 4——测量人体脂肪含量

【项目目的】　学会使用生物电阻分析法来测量人体脂肪含量,理解 DAQmx 驱动程序用于输入及输出配合的情况。

【项目组成部分】　myDAQ、TI OPA277P 运算放大器、各种阻值的电阻、电容、鳄鱼夹、电极贴片、面包板、信号输出及采集软件、学生实践报告。

【学生在项目中的角色】　生物电阻分析传感器连接电路搭建者、数据采集和激励信号控制专家、信号分析处理及显示专家。

【项目情景】　为同学们的健康把把关,测一测谁的身体脂肪含量不在健康状态。

【项目产品】 自制的低成本人体脂肪测量仪。

1. 背景知识

人体中脂肪含量的多少与它所呈现的电阻效应存在着特定关系，也就是说，通过测量人体某一部分的电阻可推算出相应的脂肪含量。这种测量方法通常称为生物电阻分析法（Bioelectrical Impedance Analysis）。通过电路向人体激励一个微安级别的小电流，这股电流流经人体后产生压降，将测量的压降除以激励电流，利用欧姆定律可得到电阻值。人体中的非脂肪组织由于富含水和电解，会呈现较小的电阻；相反，脂肪组织呈现较大的阻值。与临床上使用的很多专业测量方法不同，由于激励人体的电流在微安级别（注意，请不要使用微安以上级别的电流来做实验，以免对人体造成伤害），且实验流程相对精简，所以降低了测量难度。实践证明，测量结果比较准确。因此，这不失为一种性价比较高的测量方法。

2. 硬件搭建

本项目要向人体激励一个微安级别的小电流，所以采用一种叫作 howland 电流泵（Howland Current Pump）的电路。该电路的原理结构如图 5-38 所示，其输入信号来自 myDAQ 的模拟电压输出通道 AO 0。根据不同的输入电压，在其电阻 R_x 上产生一定的电流，作为电流源激励人体。R_x 就是人体电阻。

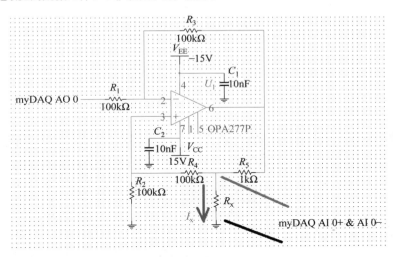

图 5-38 **原理图**

因此，需要使用两根电极线在电路原理图中 R_x 所在的位置将人体接入电路。图 5-39 示出了如何将电极线与人体相连接。

在硬件搭建的时候需要注意 OPA277 各个引脚的定义，如图 5-40 所示。

原理图所对应的面包板硬件实现电路如图 5-41 所示。

3. 程序设计

本项目程序设计主要分为三个部分，分别是信号采集及激励程序、信号分析及处理程序、数据存储和显示程序。

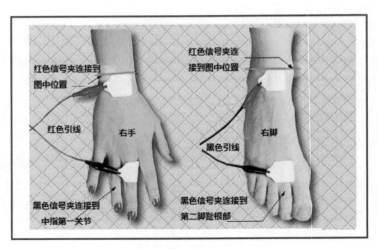

图 5-39　将电极连接到人体

OPA277

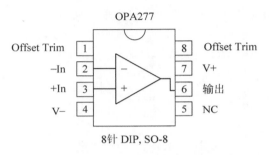

8针 DIP, SO-8

图 5-40　OPA277 引脚定义

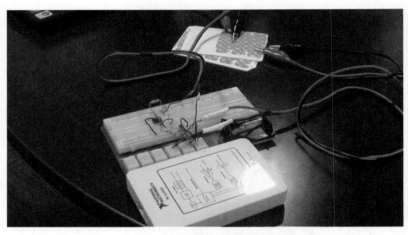

图 5-41　实际面包板搭建图

　　信号采集及激励程序如图 5-42 所示，主要功能是正确配置 myDAQ 的模拟输出 AO 0 通道，输出 0.2V 正弦电压信号，用于激励 howland 电流泵电路；与此同时，正确配置

myDAQ 的模拟差分输入通道 AI 0－和 AI 1＋，用于采集电流泵激励人体后产生的电压。通过这个例子，可进一步熟悉使用 DAQmx 底层驱动程序 VI 配置和使用 myDAQ 上的硬件资源。

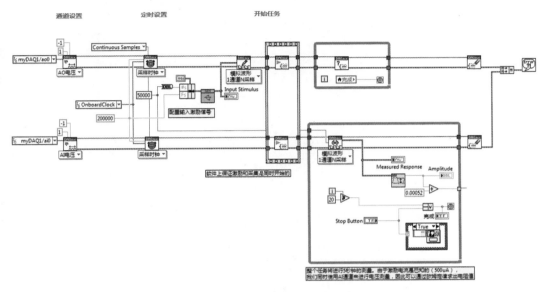

图 5-42　信号采集及激励程序

在从 myDAQ 的模拟输入通道 AI 0＋和 AI 0－采集到人体压降并除以已知激励电流 $520\mu A$ 之后，需要进一步分析电阻值，以便获得体重指数 BMI（Body Mass Index）、人体体液总量 TBW（Total Body Water）、人体脂肪所占百分比等有用信息。本例使用"MathScript 节点"进行相应的数学计算。利用 LabVIEW MathScript 节点，即图 5-43 所示程序中的粗线方框，可以在 LabVIEW 图形化程序中运行 m 文件语法脚本。也就是说，如果在其他程序代码中找到有用的文本数学语言代码，可以非常方便地嵌入 LabVIEW 使用。更多与 MathScript 相关的信息，请参阅本书附带光盘（《LabVIEW-MathScript 节点白皮书》）。

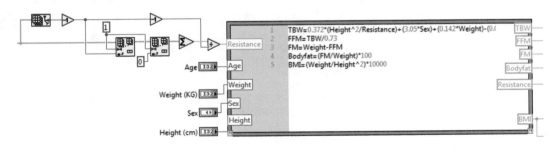

图 5-43　信号分析及处理程序

针对分析后得到的 TBW 及 BMI，结合被测人的年龄、体重及性别信息，大致显示其偏瘦还是偏胖，其科学依据如图 5-44 所示。

男性身体脂肪百分比表

年龄																	
18~20	2.0	3.9	6.2	8.5	10.5	12.5	14.3	16.0	17.5	15.9	20.2	21.3	22.3	23.1	23.8	24.3	24.9
21~25	2.5	4.9	7.3	9.5	11.6	13.6	15.4	17.0	18.6	20.0	21.2	22.3	23.3	24.2	24.9	25.4	25.8
26~30	3.5	6.0	8.4	10.6	12.7	14.6	16.4	18.1	19.6	21.0	22.3	23.4	24.4	25.2	25.9	26.5	26.9
31~35	4.5	7.1	9.4	11.7	13.7	15.7	17.5	19.2	20.7	22.1	23.4	24.5	25.5	26.3	27.0	27.5	28.0
36~40	5.6	8.1	10.5	12.7	14.8	16.8	18.6	20.2	21.8	23.2	24.4	25.6	26.5	27.4	28.1	28.6	29.0
41~45	6.7	9.2	11.5	13.8	15.9	17.9	19.6	21.3	22.8	24.7	25.5	26.6	27.6	28.4	29.1	29.7	30.1
46~50	7.7	10.2	12.6	14.8	16.9	18.9	20.7	22.4	23.9	25.3	26.6	27.7	28.7	29.5	30.2	30.7	31.2
51~55	8.8	11.3	13.7	15.9	18.0	20.0	21.8	23.4	25.0	26.4	27.6	28.7	29.7	30.6	31.2	31.8	32.2
56 & UP	9.9	12.4	14.7	17.0	19.1	21.0	22.8	24.5	26.0	27.4	28.7	29.8	30.8	31.6	32.3	32.9	33.3

LEAN　　IDEAL　　AVERAGE　　ABOVE AVERAGE

女性身体脂肪百分比表

年龄																	
18~20	11.3	13.5	15.7	17.7	19.7	21.5	23.2	24.8	26.3	27.7	29.0	30.2	31.3	32.3	33.1	33.9	34.6
21~25	11.9	14.2	16.3	18.4	20.3	22.1	23.8	25.5	27.0	28.4	29.6	30.8	31.9	32.9	33.6	34.5	35.2
26~30	12.5	14.8	16.9	19.0	20.9	22.7	24.5	26.1	27.6	29.0	30.3	31.5	32.5	33.5	34.4	35.2	35.8
31~35	13.2	15.4	17.6	19.6	21.5	23.4	25.1	26.7	28.2	29.6	30.9	32.1	33.2	34.1	35.0	35.8	36.4
36~40	13.8	16.0	18.2	20.2	22.2	24.0	25.7	27.3	28.8	30.2	31.5	32.7	33.8	34.8	35.6	36.4	37.0
41~45	14.4	16.7	18.8	20.8	22.8	24.6	26.3	27.9	29.4	30.8	32.1	33.3	34.4	35.4	36.3	37.0	37.7
46~50	15.0	17.3	19.4	21.5	23.4	25.2	26.9	28.6	30.1	31.5	32.8	34.0	35.0	36.0	36.9	37.6	38.3
51~55	15.6	17.9	20.0	22.1	24.0	25.9	27.6	29.2	30.7	32.1	33.4	34.6	35.6	36.6	37.5	38.3	38.9
56 & UP	16.3	18.5	20.7	22.7	24.6	26.5	28.2	29.8	31.3	32.7	34.0	35.2	36.3	37.2	38.1	38.9	39.5

LEAN　　IDEAL　　AVERAGE　　ABOVE AVERAGE

图 5-44　不同年龄男性、女性的脂肪百分比与胖瘦关系

人体体液百分比与胖瘦关系如图 5-45 所示。

WEIGHT lbs	100	105	110	115	120	125	130	135	140	145	150	155	160	165	170	175	180	185	190	195	200	205	210	215
kgs	45.5	47.7	50.0	52.3	54.5	56.8	59.1	61.4	63.6	65.9	68.2	70.5	72.7	75.0	77.3	79.5	81.8	84.1	86.4	88.6	90.9	93.2	95.5	97.7
HEIGHT in/cm	Underweight				Healthy					Overweight				Obese					Extremely obese					
5'0" - 152.4	19	20	21	22	23	24	25	26	27	28	29	30	31	32	33	34	35	36	37	38	39	40	41	42
5'1" - 154.9	18	19	20	21	22	23	24	25	26	27	28	29	30	31	32	33	34	35	36	37	38	39	40	
5'2" - 157.4	18	19	20	21	22	23	23	24	25	26	27	28	29	30	31	32	33	34	35	36	37	38	39	
5'3" - 160.0	17	18	19	20	21	22	23	24	25	26	27	28	29	30	31	32	32	33	34	35	36	37	38	
5'4" - 162.5	17	18	18	19	20	21	22	23	24	25	26	27	28	29	30	31	31	32	33	34	35	36	37	
5'5" - 165.1	16	17	18	19	20	20	21	22	23	24	25	26	27	28	29	30	31	32	33	34	35	36		
5'6" - 167.6	16	17	17	18	19	20	21	22	23	24	24	25	26	27	28	29	29	30	31	32	33	34	34	
5'7" - 170.1	15	16	17	18	18	19	20	21	22	23	24	25	25	26	27	28	28	29	30	31	32	33	33	
5'8" - 172.7	15	16	16	17	18	19	20	21	21	22	23	24	25	26	26	27	28	29	30	31	32	32		
5'9" - 175.2	14	15	16	17	18	18	19	20	21	22	23	24	24	25	26	27	28	28	29	30	31	31		
5'10" - 177.8	14	15	16	16	17	18	19	20	21	21	22	23	24	24	25	26	27	28	28	29	30	30		
5'11" - 180.3	14	14	15	16	17	18	18	19	20	21	22	22	23	24	25	26	26	27	28	28	29	30		
6'0" - 182.8	13	14	14	15	16	17	17	18	19	19	20	21	22	23	24	24	25	26	27	27	28	29		
6'1" - 185.4	13	13	14	15	16	16	17	18	19	20	21	21	22	23	23	24	25	25	26	27	27	28		
6'2" - 187.9	12	13	14	15	16	16	17	18	18	19	20	21	21	22	23	23	24	25	26	26	27	27		
6'3" - 190.5	12	13	13	14	15	16	16	17	18	19	19	20	21	21	22	23	24	24	25	26	26			
6'4" - 193.0	12	12	13	14	14	15	15	16	17	17	18	18	19	20	20	21	22	22	23	24	25	25	26	

图 5-45　人体体液百分比与胖瘦关系

　　程序的第三部分根据图 5-45 提供的数据，按照不同的体型，以不同的颜色输出分析数据。同时，为了方便数据查询，这部分程序中加入了文件 I/O 功能，将采集和分析的数据信息保存至文本文档，如图 5-46 所示。

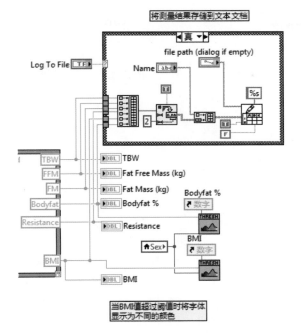

图 5-46 **数据存储及显示程序**

第6章 创新实践项目实例（高级篇）

6.1 动手项目1——智能交通灯系统

【项目目的】 学会将电磁感应测量与交通灯控制无缝结合，构成智能交通灯系统。

【项目组成部分】 电感、电容、电阻、二极管、LED、74HC4017 十进制计数器、导线、myDAQ、面包板、LabVIEW 软件、DAQmx 驱动程序、学生实践报告。

【学生在项目中的角色】 硬件结构搭建者、小车电磁感应检测及交通灯控制程序设计者。

【项目情景】 对于一个"丁"字路口，其主干道上的绿灯常亮。当支路上的小车出现时，通过电磁感应非接触式检测，智能控制红绿灯切换，使主干道的绿灯暂时变为红灯，支路变为绿灯，支路上的小车可以顺利通过。

【项目产品】 基于 myDAQ 的智能交通灯控制系统。

1. 背景知识

项目中需要智能检测是否有小车出现在支路上，从而切换红绿灯状态。为了实现非接触式检测，要使用到电磁感应的知识。通常来说，使用一对 LC 并联（即电感电容并联）电路实现。当向其中一个 LC 并联电路进行交流电流激励时，该电路开始谐振，由空气作为媒介传播电磁波。由于该电磁波的作用，另一个 LC 并联电路产生一定电压。若此时一辆金属小车模型靠近，由于金属对电磁波的传播会产生影响，第二个 LC 电路感应的电压值将发生改变。通过检测电压值的改变，可知是否有小车出现在支路上。

这个原理与生活中经常看到的变压器原理类似。变压器就是将一对线圈（电感）缠绕在环形铁芯的两边，从而在主侧和副侧间传递能量，如图 6-1 所示，同样是用交流电流激励一个电磁场，从而在另外一边的线圈中产生电流。使用金属芯的原因是金属材料能够保证绝大多数电磁场能量被限制在铁芯当中，从而提升在第二个线圈中激励的电流强度。如果不关心转换效率，可以省略笨重的铁芯，直接用空气作为媒介。

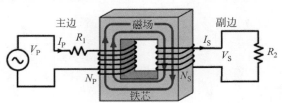

图 6-1 变压器原理示意图

本项目用空气作为媒介，所以当金属小车靠近被空气隔开的两个线圈时，感应线圈上的电压下降。这是因为金属小车比电感元件大许多，所以由主边激起的磁通将大部分通过小车，而远离副边线圈，因此副边测量到的电压信号将减小。

2. 硬件搭建

智能交通灯系统可以拆分为三个相互配合的子系统，除了上面提到的小车检测部分之外，还需要交通灯序列产生及 myDAQ 控制这两个部分有效配合。

本项目使用的外部元件清单如表 6-1 所示。

表 6-1　外部元件清单

元　　件	数量/个	元　　件	数量/个
15kΩ 电阻	1	黄色 LED	3
680Ω 电阻	9	绿色 LED	3
1N4148 二极管	33	10nF 电容	2
4017 十进制计数器	3	10mH 电感	2
红色 LED	3		

1）交通灯序列产生

本项目涉及一个"丁"字路口，每个方向都需要配置一组红绿灯，有红、黄、绿 3 盏灯需要控制，要有 9 个数字控制接口，用 myDAQ 上的 8 个数字 I/O 似乎无法实现。所以借助于外部的硬件数字逻辑电路产生一组红绿灯（即红、黄、绿 3 盏灯）亮灯序列，仅用一个 myDAQ 上的数字输出口作为序列的时钟信号，就能完成 3 盏灯的亮灯控制。这样，"丁"字路口的 3 组红绿灯只需使用 3 个数字输出端口。这里使用的数字集成电路芯片是十进制计数器芯片 4017，它有一个时钟信号输入端，在每个时钟信号（也就是 myDAQ 到 4017 CLOCK 引脚的信号）的上升沿，4017 会依次在 output 0～output 9 输出高电平脉冲，如图 6-2 所示。

鉴于在每个时钟周期只有一条输出线会被拉高，这样的输出序列和需要的红黄绿输出序列不尽相同，而且数量为 10，其实只需要 3 个输出。因此，要通过一定的逻辑运算（如与、或、非运算）及排列组合将这 10 个输出综合为所需要的特定红、黄、绿 3 色输出。为此，将一组红绿灯中需要完成的红、黄、绿 3 盏灯的亮灯逻辑序列列于图 6-3 中。

这样可以非常直观地利用逻辑"或"（逻辑"或"是指只要输入端有一个值为高电平，输出即为高电平；仅当所有输入为低电平时，输出才为低电平）来完成 4017 输出序列到 3 盏灯亮灯序列的逻辑转换。这里用一系列二极管实现逻辑"或"功能，如图 6-4 所示。

2）金属小车检测

为了保证金属小车能够被准确识别，需要合理选择适当的电容与电感值。其中，电感值十分重要，要足够大，从而保证在副边感应到磁场变化带来的电压变化，同时保证其体积和金属小车匹配，不致过大。选用 10mH 来做实验。与电感并联的电容主要用来稳定输出电压，使得测量到的电压值更加稳定。对于电容值的选择，希望它足够大，保证电压

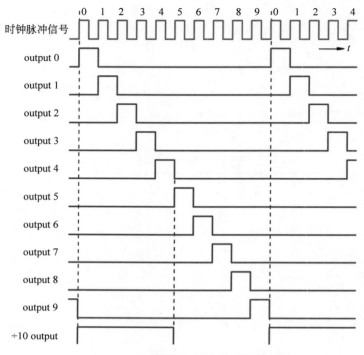

图 6-2　4017 的数字逻辑输出时序图

红绿灯序列	红色LED	黄色LED	绿色LED
0	0	0	1
1	0	0	1
2	0	0	1
3	0	0	1
4	0	1	0
5	1	0	0
6	1	0	0
7	1	0	0
8	1	0	0
9	1	1	0

图 6-3　红绿灯真值表

的稳定度；但不要过大，影响到交流电流。因此，选择 10nF 的电容值。

　　为了防止激励 LC 电路的电源短路，还要在电路中串联一个限流电阻，如图 6-5 所示。

　　3）myDAQ 控制

　　在"丁"字路口有 3 组红绿灯，需要连接 3 个 4017，并结合 myDAQ 来工作，因此必须解决这 3 组红绿灯同步工作的问题，因此，需要借助另一个 myDAQ 数字输出端口连接到 3 个 4017 的 RESET 端口。每次程序开始工作时，在硬件上拉高所有 3 片 4017 的 RESET 引脚，将其复位，保证它们始终处于同步工作状态。

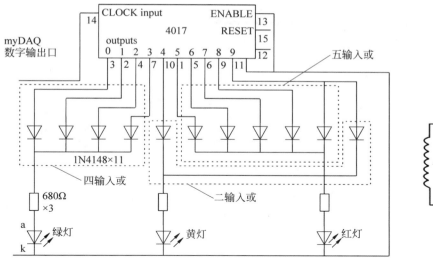

图 6-4 每一个红绿灯红、黄、绿三盏灯的亮灯逻辑控制

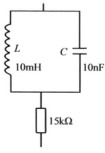

图 6-5 LC 并联串联限流电阻

3. 程序设计

本项目涉及数据采集及输出控制等元素，将使用两个常用的编程设计架构。其中，"主/从架构（Master/Slave Architecture）或模式"用来检测金属小车是否出现，"状态机架构（State Machine Architecture）"用来有效控制红绿灯输出的各个状态。其中，"状态机架构"在第 5 章详细介绍了，这里主要介绍将状态机架构嵌入其中的主/从架构。该架构主要由两个并行循环组成，通过在 LabVIEW 的欢迎界面中选择"文件（File）"→"新建（New）"打开模板，然后选择"基于模板（Template）"→"框架"→"设计模式"→"主从设计模式"，LabVIEW 将给出一个典型的主从模式 VI，如图 6-6 所示。

上述循环是主循环（Master），常用来监测事情的发生。一旦某个感兴趣的事情发生，会通过判断来向其下的从循环（Slave）发送"通知"，让从循环完成特定的工作。不难发现，从 LabVIEW"数据流"的原则来看，两个并行循环之间交换数据不能通过连线完成，因为这会强制使一个循环后于另一个循环执行。利用"通知器"（Notifier），可以在两个并行的循环之间传递信息。

在本项目中，主循环在产生 LC 线路激励信号的同时检测副端 LC 线路上被激励电压信号的变化。副边测量到的电压值将和一个既定的电压阈值相比较。如果测量到的电压值低于该阈值，程序就认为有小车靠近，于是发送一个"通知"给从循环，如图 6-7 所示。

从循环的主要任务是根据发来的"通知"合理控制"丁"字路口的红绿灯状态。当一个有效"通知"被接受且完成红绿灯切换流程，让支路上的小车通过之后，从循环将返回检测下一个主循环发来的通知。显然，这可以很方便地通过使用"状态机架构"实现不同状态之间的跳转。本项目中的状态机使用了"配置 myDAQ"、"初始化交通灯"、"监测交通状态"、"绿灯转黄灯"、"黄灯转红灯"、"红灯转'红灯＋黄灯'"、"'红灯＋黄灯'转绿灯"、"完成"8 个状态来实现，如图 6-8～图 6-15 所示。

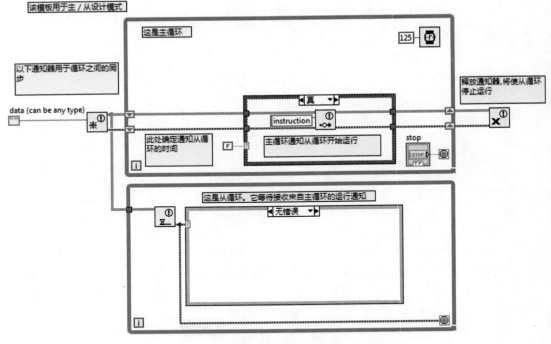

图 6-6　主从设计模式

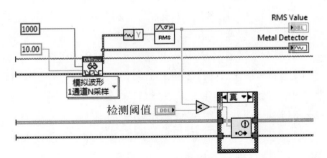

图 6-7　主循环检测并发送通知

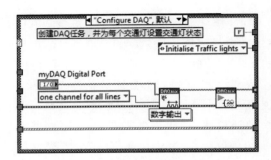

图 6-8　配置 myDAQ 状态

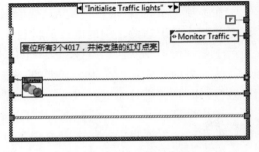

图 6-9　初始化交通灯状态

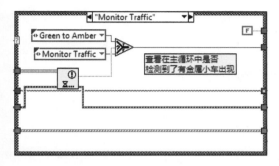

图 6-10 监测交通状态

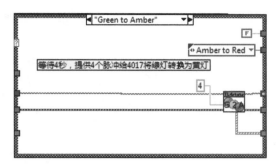

图 6-11 绿灯转黄灯状态

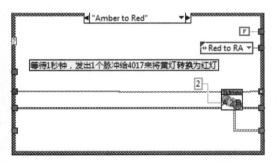

图 6-12 黄灯转红灯状态

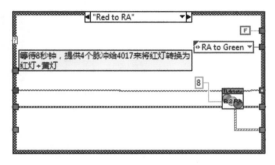

图 6-13 红灯转"红灯＋黄灯"状态

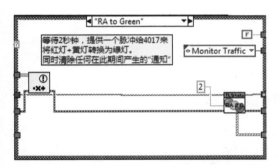

图 6-14 "红灯＋黄灯"转绿灯状态

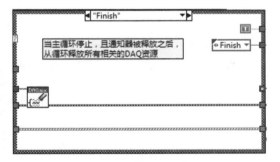

图 6-15 完成状态

值得一提的是，本项目中封装了一些重复使用的功能，它们以子 VI 的形式出现在主程序中，使顶层程序一目了然，便于理解。借助于主从式架构与状态机模式，整个程序结构合理，增加功能十分简便。整个顶层程序框图及程序前面板如图 6-16 和图 6-17 所示。

用面包板搭建的系统实物图如图 6-18 所示。

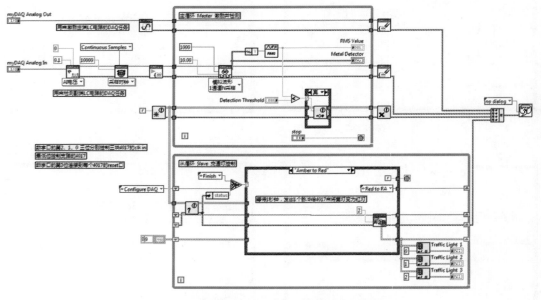

图 6-16　智能交通灯——主从结构程序框图

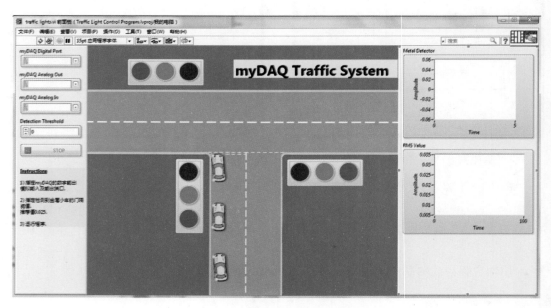

图 6-17　智能交通灯系统前面板

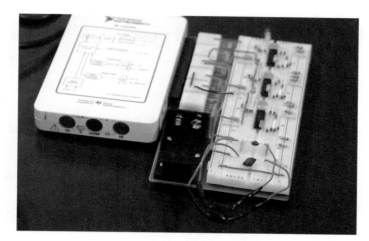

图 6-18　智能交通灯系统实物

6.2　动手项目 2——摩尔斯电报机系统

【项目目的】　学会使用生产者/消费者模式设计摩尔斯电报机。

【项目组成部分】　电阻、开关、导线、myDAQ、面包板、LabVIEW 软件、DAQmx 驱动程序、学生实践报告。

【学生在项目中的角色】　摩尔斯电报机软件仿真设计者、摩尔斯电报机硬件结构搭建者、摩尔斯电报机系统程序设计者。

【项目情景】　回顾 19 世纪的摩尔斯电报机原理，结合 LabVIEW myDAQ 实现其简易功能。

【项目产品】　基于 myDAQ 的摩尔斯电报机。

1. 背景知识

摩尔斯电码（Morse Alphabet）是美国人摩尔斯（Samuel Finley Breese Morse）于 1837 年发明的，由点 dot（.）、划 dash（一）两种符号组成。点为基本信号单位，1 划的长度＝3 点的时间长度。在一个字母或数字内，各点、划之间的间隔应为 2 点的时间长度。字母（数字）与字母（数字）之间的间隔为 7 点的时间长度。

摩尔斯电码对于早期无线电技术发展举足轻重，是每个无线电技术人员必须了解的。随着通信技术的进步，各国已于 1999 年停止使用摩尔斯电码，但由于它所占频宽最少，在实际生活中仍有广泛的应用。

摩尔斯电码由两种基本信号和不同的时间间隔组成：短促的点信号"·"读作"嘀（Di）"；保持一定时间的长信号"一"读作"答（Da）"。对于间隔时间，嘀，1t；答，3t；嘀答间，1t；字母间，3t；字间，5t。

产生历史最早的摩尔斯电码是一些表示数字的点和划。数字对应单词，需要查找代码表才能知道每个词对应的数。用一个电键敲击出点、划及中间的停顿。

虽然摩尔斯发明了电报，但他缺乏相关的专门技术。他与艾尔菲德·维尔签订了一个协议,后者为摩尔斯电码制造更加实用的设备。艾尔菲德·维尔构思了一个方案,通过点、划和中间的停顿,让每个字元和标点符号独立地发送出去。他们达成一致,同意把这种标识不同符号的方案放到摩尔斯的专利中。这就是现在人们熟知的美式摩尔斯电码,它传送了世界上第一条电报。

本项目将利用 myDAQ 和 LabVIEW 设计一个摩尔斯电报机。

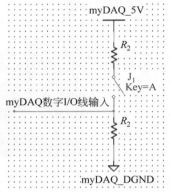

图 6-19　摩尔斯电报发报原理图

2. 硬件搭建

对于摩尔斯电报机来说,需要分辨的是短促的点信号"·(点)"以及保持一定时间的长信号"—(划)"。通过一个简单的分压电路以及 myDAQ 上的一条数字 I/O 线就能实现,其原理图如图 6-19 所示。

当开关断开时,myDAQ 数字线呈现低电平;当开关闭合时,myDAQ 的数字线呈现高电平。只要通过测量高电平的宽度,就能得知发送的是什么符号。电平持续时间较长的为"划",持续时间较短的为"点"。

3. 程序设计

为了展示方便,本项目先用程序前面板上的按钮来模拟真实的按钮,以便在纯软件环境中设计出摩尔斯电报机。一旦程序调试通过,就可以很方便地将"软按钮"替换成物理按钮。

首先分析纯软件设计的要求。按照项目组成,不难发现,需要不停地获取当前电报机软按钮的状态,同时实时分析当前按下按钮的快慢,然后将一连串分析得到的点、划信息根据摩尔斯码表翻译成人们能理解的英文字母。为了使程序结构清晰且便于维护,采用 LabVIEW 中一个高效的设计架构模式——生产者/消费者模式(Producer/Consumer)。

在 LabVIEW 的欢迎界面中选择"文件(File)"→"新建(New)",打开模板,然后选择"基于模板"(Template)→"框架"→"设计模式"→"生产者"→"消费者设计模式(事件)",LabVIEW 将给出一个典型的"生产者/消费者模式"VI,如图 6-20 所示。

不难发现,这个生产者/消费者设计模板与本章"智能交通灯系统"项目中使用的"主从设计模式"非常相似,只是将主从模式中使用的"通知器"更换成"队列"VI,使得生产者/消费者模式将上面循环(生产者循环)中生产出来的每一件事情/数据都通过"排队"方式——传送到下面的循环(消费者循环)中进行处理(消费)。打一个简单的比方,主从结构就好比是一位电话接线员,他不停地接听打进来的各种电话,然后转接给不同部门、不同职责的同事。接线员是主,被分配到电话的其他同事为从。但是当接线员(主)正在接听某个电话还未分发出去时,如果有人打进电话,那么不好意思,接线员忙,他将不理会通话请求,直接忽略;只有接线员挂断当前通话后打入的电话,接线员才会响应。

生产者/消费者模式就好比是一位老板秘书,他每天不停地收到老板的各种指示(消费者)、各种文件。假设秘书办事不够快,而老板接二连三不停地发出任务(生产者),那么

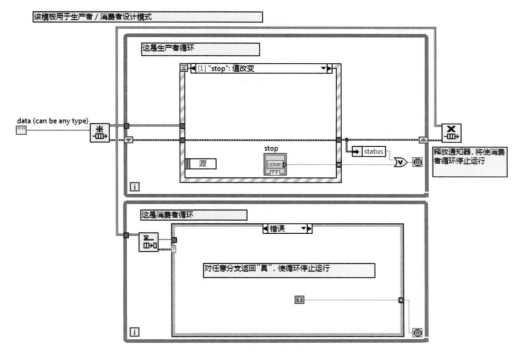

图 6-20　**生产者/消费者设计模板**

这些任务将被存放在"队列"当中,秘书需要一件接一件毫无遗漏地将所有任务一一完成。这样看来,似乎用这种模式实现摩尔斯电报机非常适合。

仔细观察生产者循环会发现,在 While 循环当中嵌套了一个事件结构(Event Structure)。它是高效处理事件的重要工具。下面暂时抛开生产者/消费者架构,介绍事件结构的使用方法。

与第 3 章介绍的条件结构类似,事件结构会在不同输入的情况下运行相应结构内的代码。但与条件结构不同的是,条件结构的输入来自分支选择器,也就是结构左侧的"小问号",连接到"小问号"上的数据决定了接下来程序要执行的分支;而事件结构是依据发生的事件决定执行哪一个分支当中的代码,不需要通过数据流连线将事件连接到事件结构上。那么,应该如何配置事件结构的输入呢?

右击某个事件结构的边框,在弹出的菜单中选择"Edit Events Handled by this Case"。在"Edit Events"对话框中,可以设置启动当前事件分支框中代码的具体事件,如图 6-21 所示。LabVIEW 中按照事件的产生源将事件分为六大类,列在"Edit Events"对话框的"Event Sources"中,即应用程序(Application)、本 VI(This VI)、动态(Dynamic)、窗格(Pane)、分隔栏(Splitters)和控件(Controls)。图 6-21 中的一些事件源是灰色的,因为当前程序中某些事件源是不可能存在的,所以 LabVIEW 不允许它们成为当前事件结构的事件源。举例来说,如果当前编写的程序没来得及放置控件,那么控件就不可能成为事件源,所以"Controls"这一项显示成灰色。

六大事件源对应的具体事件显示在"Edit Events"对话框右侧的"Events(事件)"列表

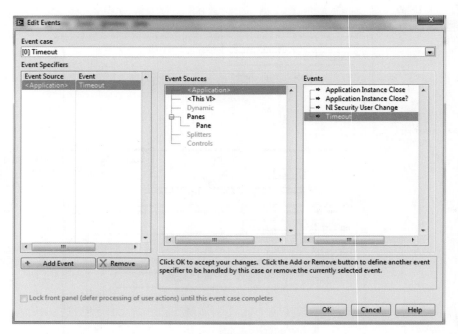

图 6-21　编辑事件窗口

框中。选中某个具体事件之后，该事件将显示在当前分支上方的事件标签中。

下面分别介绍这六大事件源。

1）应用程序

应用程序事件是整个应用程序状态变化的写照。事件结构中默认的"超时（Timeout）"就属于应用程序事件。程序是否关闭，也是典型的应用程序事件。

2）本 VI

当前 VI 状态的变化，如 VI 菜单被选中，当前 VI 的前面板的大小被调整等改变 VI 属性和状态的动作，都属于本 VI 事件。

3）动态（Dynamic）

在程序中临时注册的事件，或者用户自定义的事件，称为动态事件。例如，"当用户在界面中输入了字母 X 时"这种特殊事件，就属于动态事件。

4）窗格（Pane）

和某一个窗格相关联的事件，如鼠标进入或者离开某个窗格，都属于窗格事件。可以在前面板的控件选板上单击"Modern"→"Containers"，然后选择"horizontal splitter"以及"vertical splitter"来划分窗格。不同的窗格会被分隔栏隔开。

5）分隔栏（Splitter）

针对分隔栏的操作，如拖曳分隔栏等均属于分隔栏事件。

6）控件（Control）

所有针对控件状态的改变都归类为控件事件，典型的有"值改变（Value Change）"、"右键快捷菜单被打开（Shortcut Menu Selection）"、"鼠标按下（Mouse Down）"等。在摩尔斯电报机中使用的是"鼠标按下"及"鼠标释放"这两个事件。

除了事件源（事件输入）会显示在事件结构顶部的事件标签中之外，事件结构还包含以下重要元素。

① 显示在左上角的"超时接线端"。默认情况下，该接线端什么都不接，其运行状态为"永不超时"。

② 当某事件发生之后（输入），该事件对应的分支结构同时返回与该事件相关的数据（输出），例如该事件的类型、该事件发生的具体时间等。可以通过事件结构框内左侧的"事件数据节点"读取数据。

③ 动态事件接线端。默认情况下，该接线端并不存在，需要单击事件结构边框，并选择"Show Dynamic Event Terminals"方可显示。该接线端用于连接动态注册的事件，如图 6-22 所示。

图 6-22 所示的程序将等待事件结构中配置的事件发生一次后，停止运行。但是一般情况下，程序不可能仅处理一次事件。在程序运行过程中，往往需要不断地处理各种事件，所以很少单独使用事件结构，而是将事件结构和循环结构 While 一同使用。将事件机构放置在 While 循环当中的结构叫作循环事件结构，如图 6-23 所示。本例中在生产者循环中看到的就是"循环事件结构"。

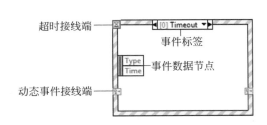

图 6-22　**事件结构的组成**

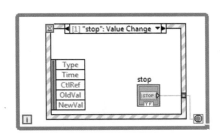

图 6-23　**循环事件结构**

通过下面的练习，介绍通过事件结构响应各种前面板的控件事件。控件事件是最常见的事件情况。

【练习】　监测前面板上旋钮的旋转方向。如果顺时针旋转，点灯；如果逆时针旋转，灭灯。

【算法分析】　仅在旋钮动作时才需要响应；在其他情况下，程序不需要有任何动作。

旋钮顺时针旋转，意味着旋钮的新值比原值大；旋钮逆时针旋转，则刚好相反。所以可以通过判断新值和原值大小的变化来完成上述练习。

这里需要处理的事件是旋钮值改变事件。

【操作步骤】

① 在前面板放置一个"Knob"旋钮控件、一个"Stop"停止按钮和一个 LED，如图 6-24 所示。

② 在程序框图中放置"循环事件结构"，即一个 While 循环嵌套一个事件结构，如图 6-25 所示。

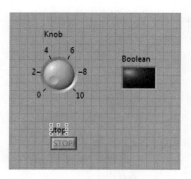

图 6-24　**在前面板放置 3 个控件**

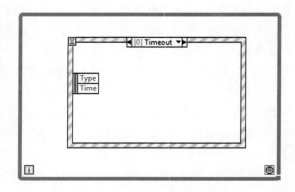

图 6-25　　**放置循环事件结构**

③ 右击事件结构框的边缘，并选择"Add Event Case"。在"Edit Events"对话框的"Event Sources"项下选择 Stop 控件，并在"Events"框中选择"Value Change"。现在得到的新分支将处理"Stop"按钮产生的"值改变"事件。显然，值改变时，希望程序停止，所以在"'stop'：Value Change"分支下放置一个布尔"真"值，并将其连接到 While 循环的停止接线端，保证当前面板"Stop"按钮值发生改变时，整个程序停止运行，如图 6-26 所示。

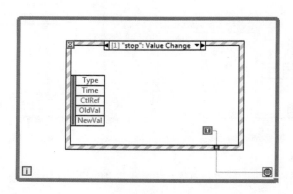

图 6-26　**在"Stop"：Value Change 分支中放入布尔"真"**

再次右击事件结构的边框，然后在快捷菜单下选择"Add Event Case"，并在"Edit Events"对话框的"Event Sources"项下选中 Knob 控件，在"Events"中选择"Value Change"，最后单击"OK"按钮，如图 6-27 所示。在"'Knob'：Value Change"对应的事件分支当中，使用比较函数 Less 配合 Select 来判断 Knob 发生了顺时针转动还是逆时针转动。如果是顺时针转动，将布尔"True"赋给 LED；如果逆时针转动，赋"False"给 LED，如图 6-28 所示。

④ Timeout 分支留空。运行程序，观察事件响应情况。

⑤ 单击点亮程序上方的"Highlight Execution"按钮，再运行程序。通过旋转 Knob 以及单击"Stop"按钮，观察事件结构的响应过程。

通过上述事件结构实验，对"循环事件结构"的应用有了比较清晰的认识。在实现本

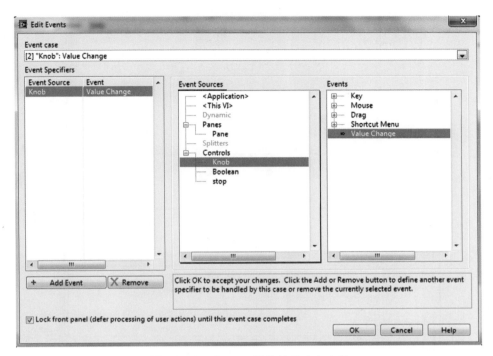

图 6-27　配置 Knob 控件的值改变事件

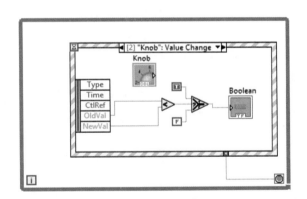

图 6-28　判断 Knob 的旋转方向并点灯/灭灯

例中基于事件的生产者/消费者架构时，生产者循环其实就是"循环事件结构"配合"元素入队列"VI。将前面板上的一个布尔开关作为事件对象，将其"鼠标按下"与"鼠标释放"这两个事件设为循环事件结构的两个分支，并在分支中通过"元素入队列"VI将相应的事件内容通过队列缓冲传递到下面的消费者循环当中。

　　生产者循环的程序代码如图 6-29 和图 6-30 所示。

　　当消费者循环接收到队列中的事件之后，需要分析按键延时代表"点"还是"划"，同时要将点、划组合翻译成对应的英文字母和阿拉伯数字。这时很容易想到先前用到的"状态机模式"。本例中的状态机只需要 3 个状态，即"空闲"、"键按下"和"键释放"。

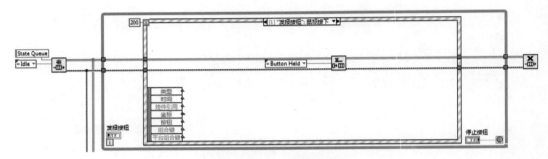

图 6-29　**生产者循环程序（1）**

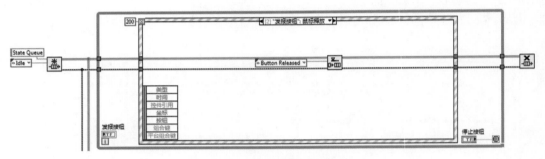

图 6-30　**生产者循环程序（2）**

　　"空闲"状态主要完成字长的计算以及对点、划组合的"翻译"，其程序框图如图 6-31 所示。

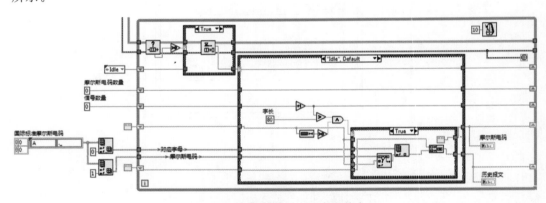

图 6-31　**消费者循环——空闲状态**

　　"键按下"状态对当前按键时长进行计数。只要该事件有效，则不停地对移位寄存器做加 1 操作；同时配合按键动作，发出发报声。其程序框图如图 6-32 所示。

　　"键释放"状态对最近一次按键事件的长短进行判断。时间较长的，被处理为"划"；时间较短的，被处理为"点"，并将下一状态切换至"空闲"。其程序框图如图 6-33 所示。

　　至此，完成了基于"生产者/消费者设计架构"的软件版本"摩尔斯电报机"。如果需要结合硬件创建基于 myDAQ 的版本，只要更改生产者循环部分的软件代码。根据"硬件搭

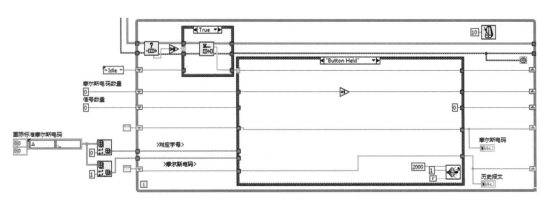

图 6-32　消费者循环——键按下状态

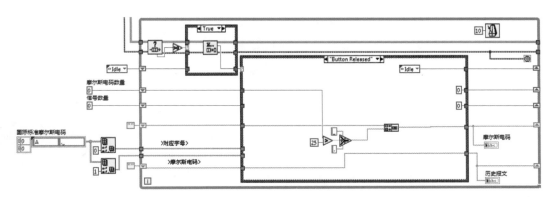

图 6-33　消费者循环——键释放状态

建"部分给出的硬件原理图，利用 myDAQ 上的一条数字信号线作为电报机的采集输入口。在生产者循环中使用"DAQmx 创建通道（DI 数字输入）. vi"和"DAQmx 读取（数字布尔 1 线 1 点）"，通过 myDAQ 采集外部电平信号，判断当前数字电平值与前一个电平值是否一致，得知外部开关是否发生动作，从而将相应的"事件信息"通过队列传递给消费者循环。其程序框图如图 6-34 所示。

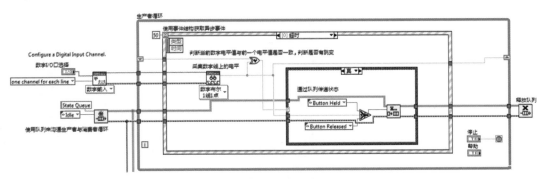

图 6-34　硬件版本——生产者循环程序框图

6.3　动手项目3——用电器电能质量分析及记录系统

【项目目的】　学会使用数据采集设备检测用电器电能质量,并且分析及记录数据。

【项目组成部分】　230V 转 9V 电压—电压变压器,STC-013 电流—电压变压器,带保险丝的插座,100mA、400mA 及 13A 保险丝,导线,myDAQ,面包板,LabVIEW 软件,DAQmx 驱动程序,学生实践报告。

【学生在项目中的角色】　电能质量检测电路硬件搭建者、电能质量分析程序编写者、电器用电情况数据记录程序设计者。

【项目情景】　实时监测不同用电器的电能质量情况,并长时间记录用电器的耗能情况。

【项目产品】　基于 myDAQ 的用电器电能质量分析及记录系统。

1. 背景知识

在电子产品日益丰富的今天,用电器的用电效率问题逐渐成为人们关注的焦点,因此本节讨论一个用电器电能质量分析及记录系统项目。

为了理解用电效率问题,首先要了解什么是功率因数。功率是能量传输率的度量,在直流电路中是电压 V 和电流 I 的乘积。在交流系统中要复杂些:部分交流电流在负载里循环,不传输电能,称为电抗电流或谐波电流,它使视在功率(电压 V 乘以电流 I)大于实际功率。视在功率和实际功率的不等引出了功率因数。功率因数等于实际功率与视在功率的比值。所以,交流系统中的实际功率等于视在功率乘以功率因数,即功率因数=实际功率/视在功率。只有电加热器和灯泡等线性负载的功率因数为1;许多设备的实际功率与视在功率的差值很小,可以忽略不计;容性设备,如灯具,这种差值很大,导致用电效率降低,不够节能和环保。美国 PC Magazine 杂志的一项研究表明,灯具的典型功率因数只有 0.65,即视在功率(VA)比实际功率(Watts)大 50%! 功率因数的大小与电路的负荷性质有关,如白炽灯泡、电阻炉等电阻负荷的功率因数为1,一般具有电感性负载的电路功率因数都小于1。功率因数是电力系统的一个重要技术数据,是衡量电气设备效率高低的一个系数。功率因数低,说明电路用于交变磁场转换的无功功率大,从而降低了设备的利用率,增加了线路供电损失。

将无功功率(Reactive Power,KVAR)、有功功率(Active Power,KW)及视在功率(Apparent Power,KVA)画成一个三角形,视在功率等于无功功率与有功功率的矢量和,如图 6-35 所示。

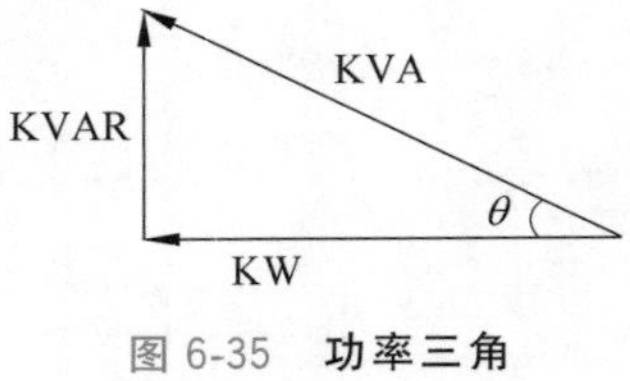

图 6-35　功率三角

功率因数的计算公式为

$$P.\,F.=\frac{KW}{KW+KVAR}$$

显然,

$$P.\,F. = \frac{KW}{KVA} = \cos\theta$$

$$KVA = \sqrt{KW^2 + KVAR^2}$$

利用以上公式,可以在不同参数间换算。

2. 硬件搭建

分别使用一个 230V 转 9V 电压—电压变压器及一个 STC-013 电流—电压变压器来获取用电器的电流值与电压值,并由 myDAQ 的两个模拟差分输入通道 AI 0 和 AI 1 完成数据采集工作。系统硬件原理图如图 6-36 所示,实际的物理原型如图 6-37 所示。

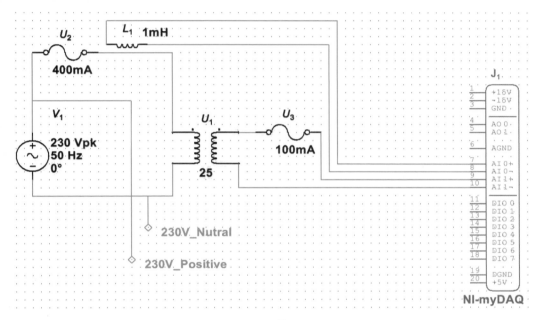

图 6-36　硬件原理图

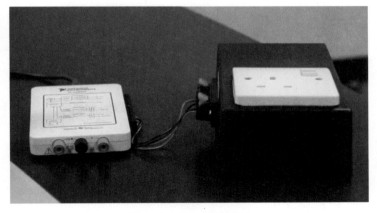

图 6-37　物理原型实现

3. 软件设计

为了最大限度地简化功率因数、有功功率及无功功率的计算，本项目直接使用 LabVIEW 的电力测量套件（LabVIEW Electrical Power Suite），其中提供了一套现成的包含各种功率测量和分析函数的选板，帮助用户借助 LabVIEW 建立自定义功率测试或监控系统。

在打开 LabVIEW 项目前，必须正确安装该套件，否则将无法找到一些信号分析处理函数，程序将无法运行。

整个电能质量监测程序的顶层架构（myPowerMonitor. vi）使用的是生产者/消费者模式。其中，生产者循环用来检测前面板上"前进"和"后退"按钮的动作，并将事件通过队列传递给消费者循环。在消费者循环当中，根据当前所在页面的位置，配合"前进"或"后退"事件，在前面板上的不同页面之间跳转。

前几个页面主要包含电力测量方面的基础知识介绍，最后一个页面包含具体的电压、电流信号采集及对有功功率、无功功率、视在功率和功率因数的计算代码。

整个程序框架的源代码如图 6-38 所示。关键电能质量参数显示部分的前面板如图 6-39 所示。

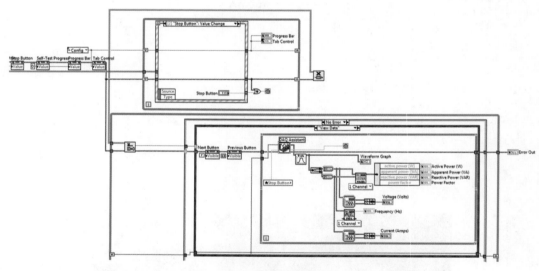

图 6-38 **程序框架**

除了对电能质量参数进行分析和评估之外，本项目还借助经典的"采集（DAQ 驱动程序）—分析（电能质量分析函数）—显示/存储（文件 I/O）三部曲"实现长时间用电情况记录功能（myPowerDataLogger. vi）。

使用状态机模式无疑是性价比最高的选择。可以将整个分析记录系统分为 5 个不同的状态，分别是"系统初始化"、"采集"、"分析"、"存储/显示"及"等待"。这 5 个状态对应的代码如图 6-40～图 6-44 所示。

整个程序的前面板设计如图 6-45 所示。

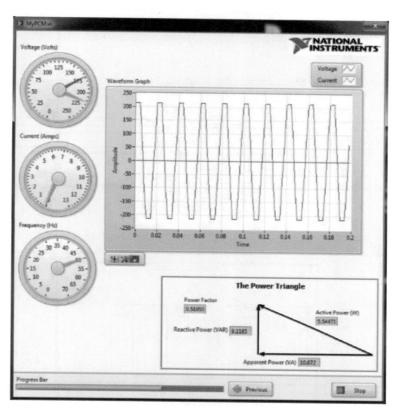

图 6-39　程序前面板

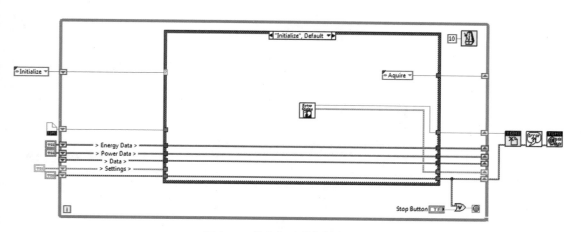

图 6-40　状态机系统初始化状态

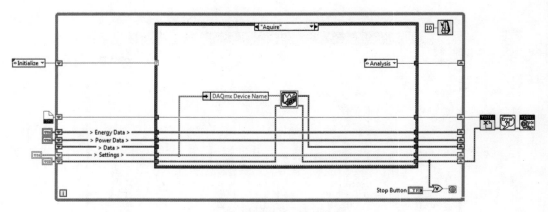

图 6-41　状态机采集数据状态

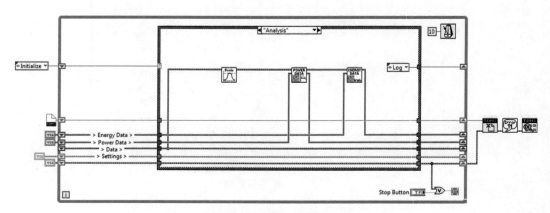

图 6-42　状态机分析数据状态

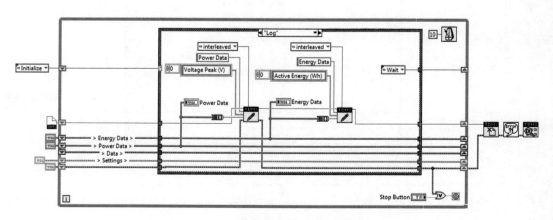

图 6-43　状态机存储/显示数据状态

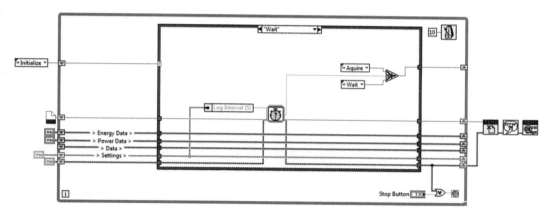

图 6-44　状态机等待状态

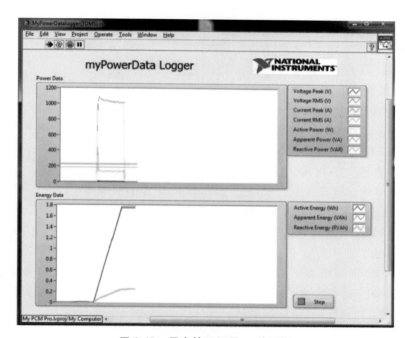

图 6-45　用电情况记录 VI 前面板

6.4　动手项目 4——遥控视频监测移动机器人

【项目目的】　学会使用视觉处理模块以及直流电机控制器来综合实现移动视频监控机器人。

【项目组成部分】　电阻、电容、L293 H 桥驱动器、电池、乐高玩具车轮、Tamiya 双电机齿轮箱、导线、myDAQ、面包板、LabVIEW 软件、DAQmx 驱动程序、学生实践报告。

【学生在项目中的角色】　电机控制器设计者、机器人搭建者、视觉检测程序设计者、机器人移动控制程序编写者。

【项目情景】 设想坐在房间里就能自由遥控机器人"现场直播"家里其他房间的情况。

【项目产品】 遥控视频监测移动机器人。

I. 背景知识

本项目中十分重要的部分是控制机器人灵活移动，所以下面着重介绍直流电机的知识。

从机器人到医疗机械，从消费电子到工业现场，直流电机广泛地用在工业领域。

直流电机由两个重要部件组成，即定子（Stator）和转子（Armature）。定子，顾名思义就是固定位置的装置，同时包括磁场线圈。转子，是可以灵活围绕定子旋转的部分。在转子上也缠绕着线圈，且转子线圈终止于转子的末端。终端部分称为换向器（Commutator Segment），是电刷进行电接触的部位，并提供旋转转子所需的电流回路。简单来说，电机中固定的部分叫做定子，在其上装设了成对的直流励磁的静止的主磁极；旋转部分（转子，Rotor）叫电枢铁芯，其上装设电枢绕组，通电后产生感应电动势，充当旋转磁场，产生电磁转矩进行能量转换。其示意图如图 6-46 所示。

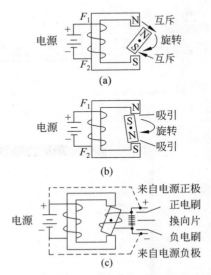

图 6-46　双极直流电机旋转运行磁场示意图

在这个简单的双极直流电机中，定子是图 6-46 中左侧被线圈缠绕并连接到电压源的部分，图中右侧的条形磁铁是转子。在图 6-46(a) 中，转子的北极与定子的北极同性相斥，使其转向图 6-46(b) 所示定子的南极。在转子完全被定子的南极吸引，且完全被吸纳成固定的垂直状态之前，转子上的极性发生变化。图 6-46(c) 显示了转子作为一个电磁体，通过反向流经线圈的电流改变其极性的过程。在转子线圈的两端带有转向器片（Commutator Segment）。为了向转子提供能量，在转向器片上固定有一对碳刷作为接触部件，一旦接触，电流将通过碳刷流经转子。

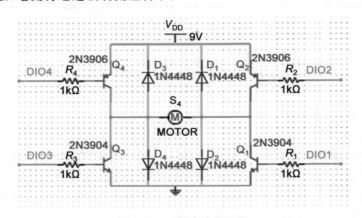

图 6-47　H 桥电路原理图

直流电压加载到定子上的磁场线圈的同时，也加载到换向器片的电刷上。也就是说，连接到电压源正极的电刷使得电刷所在的换向器呈现正电压。对负极电刷而言，是同样的原理。

　　电压开始加载时，动子开始旋转；当它旋转到北极最接近南极时，即异极相吸的吸引力最大时，负极性电刷接触到转子正极性线圈末端，而正极性电刷接触到转子负极性线圈末端，于是转子上的电流方向发生反转，导致转子线圈产生的极性反转，使得同极互斥、异极相吸周而复始地进行。本例使用的是最简单的双极直流电机，所以每旋转一周，转子的极性变换两次，使得在旋转过程中只能产生有限的转矩。实际使用的直流电机通常会选择更多的定子磁极和转子磁极，在保证旋转流畅度的同时提供更强的旋转力矩。

　　电机可以直观地将电功率转换为机械功率。在此过程中，通常利用控制系统来输出控制信号，通过电机驱动电路带动电机。这里所指的控制系统本项目中其实就是myDAQ，电机驱动电路是 myDAQ 输出控制与电机之间的桥梁。事实上有多种方法用于控制直流电机的方向和功率，本项目使用 H 桥结构。

　　H 桥（H-Bridge）是初学者实现直流电机控制时常用的电路。H 桥即通常所说的全桥，它由 4 个双极型晶体管排列成"H"形，由此而得名。它通过电控方式使电机正转（Forward）、反转（Reverse）、急停（Brake）或惯性运转（Coast）。图 6-47 为 H 桥的电路原理图。其中的 4 个续流二极管用于在电机发生停转或惯性运转时释放多余的能量，否则电机产生的尖峰电压可能烧毁 H 桥臂上的晶体管。

　　将 myDAQ 的 4 个数字 I/O 端口分别连接到 H 桥的 4 个桥臂上，完成对电机的转动控制。举例来说，当 myDAQ 的 DIO4 和 DIO3 脚被拉高，而 DIO2 与 DIO1 脚被拉低时，电流将由 R_3 流经电机，通过 R_2 流到 GND；当 DIO2 和 DIO1 被拉高，DIO4 和 DIO3 被拉低时，电流以反方向流经电机，从而改变电机的转动方向。

　　为了熟悉 H 桥电路的原理，先选择分立的三极管及小功率直流电机（PPN7A12C1）进行实验。

2. 硬件搭建

　　按照图 6-48 给出的 H 桥电路原理图，在面包板上搭建 PPN7A12C1 直流电机 H 桥电路原型，如图 6-48 所示。其中用到的元器件如下所示。

① NPN 晶体管：2N3904（×2）

② PNP 晶体管：2N3906（×2）

③ 二极管：1N4448（×4）

④ 9V 电池

⑤ 面包板

⑥ 电阻：1kΩ（×4）

⑦ 5V 直流电机：PPN7A12C1

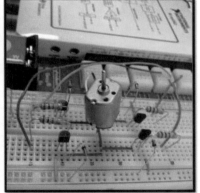

图 6-48　H 桥电路原型

　　用 9V 电池对整个 H 桥驱动电路供电，并将 myDAQ 数字 I/O 口的 DIO1、DIO2、DIO3 和 DIO4 分别与 4 个桥臂连接。

3. 程序设计

H 桥的控制策略是使用数字端口输出不同的排列组合来实现的,在程序中选择 While 循环嵌套条件结构的方式来实现。当用户在前面板上制定某个电机动作时, myDAQ 将相应的数字输出口组合发送给 H 桥电路。整体程序框图如图 6-49 所示。其中,针对电机正转与反转两个条件的分支代码如图 6-50 和图 6-51 所示。其对应的程序前面板如图 6-52 所示。

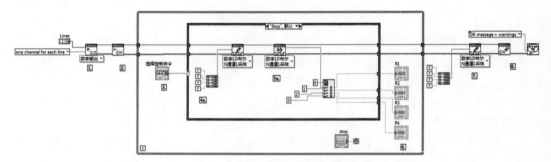

图 6-49 三极管分立元件版本控制程序

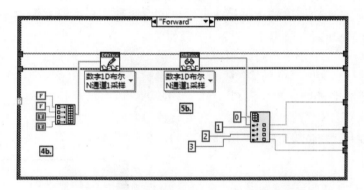

图 6-50 三极管分立元件版本电机前进条件分支

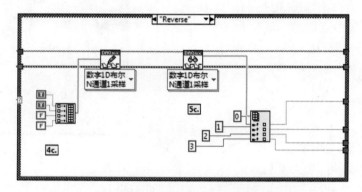

图 6-51 三极管分立元件版本电机反转条件分支

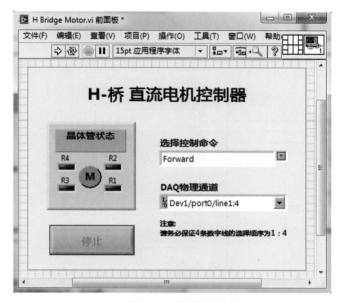

图 6-52　三极管分立元件版本控制程序前面板

当尝试用这样一个电机实现移动视频监控机器人时会发现，该电机所能提供的扭矩比较有限。由于机器人需要"携带"一台笔记本，所以有必要选择更高功率的直流电机。当然，其控制原理类似。

事实上，本项目选择分立的元器件，如二极管和三极管，来实现直流电机的 H 桥控制电路。电子系统的集成化程度越来越高，可以通过集成电路（Integrated Circuits，IC）实现分立元器件的功能。这些集成电路将 H 桥中必需的二极管、三极管电路结构集成在芯片里，省去很多连线的麻烦。同时，本项目为了提高电机驱动功率，选择 L293 H 桥电机驱动芯片以及一个 Tamiya 双电机齿轮箱的组合，作为移动机器人的动力系统，如图 6-53 所示。

图 6-53　Tamiya 双电机齿轮箱

与分立元件类似,把 H 桥集成电路 L293 看作一个黑盒子,按图 6-54 所示的方式把 myDAQ 的数字 I/O 口与 L293 以及两个驱动电机正确连接。

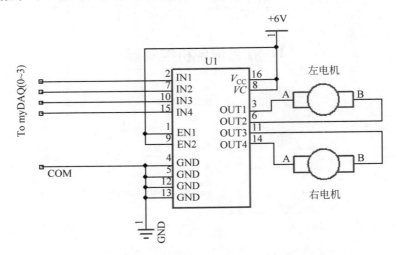

图 6-54　myDAQ 与 H 桥及双电机连接原理图

注意: 本例使用 4 节 5 号电池串联(6V)作为电源。为了保证功率输出,将 2 组 4 节 5 号电池并联。整个动力系统被嵌套在 myDAQ 自带的包装盒中,节省了外壳的投资。同时,为了最大限度地简化设计,机器人只用后轮驱动,硬件设计中选择一个易拉罐作为前轮充当"滑轮"的角色。实际测试中,小车在地毯上运行,没有遇到任何障碍。

实际搭建的物理原型如图 6-55 和图 6-56 所示。

图 6-55　简易机器人物理原型照片

在软件控制方面,与三极管版本的控制策略一致,依旧使用 While 循环嵌套条件结构的模式。其程序框图如图 6-57 所示。

细心的读者会发现,其中的不同之处是在 H 桥电机控制代码外,并行放置了一个额外的循环。这个并行循环有助于完成实时的视频信号捕捉工作,只需要使用一个快速 VI

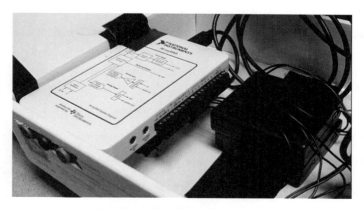

图 6-56 机器人核心内部正面照片

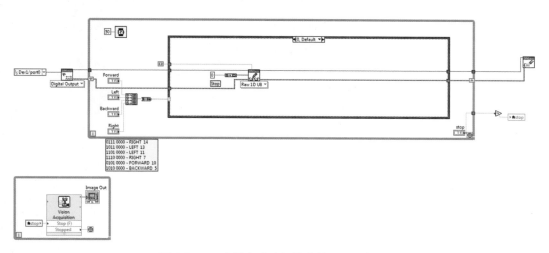

图 6-57 正式版本移动机器人控制程序框图

(Express VI)就能完成视频图像采集工作。在计算机上正确安装 NI vision acquisition software 之后,就可以在 LabVIEW 的"视觉与运动"函数选板找到这个快速 VI,如图 6-58 所示。

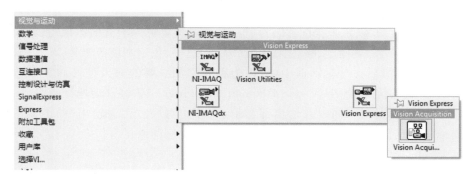

图 6-58 Vision Acquisition 快速 VI

将快速 VI 放置在程序框图中之后,可以方便地在图 6-59 所示的配置对话框中找到当前连接到计算机上并可用的视频采集设备。整个图像/视频采集的配置有如下 4 步:"选择采集影像源(Select Acquisition Source)"、"选择采集种类(Select Acquisition Type)"、"设定采集配置(Configure Acquisition Settings)"和"选择输入/显示控件(Select Controls/Indicators)"。

　　在第 1 步中,单击"Acquire continuous image" ▶ 或者"Acquire single image" ▶ 按钮测试当前的图像/视频采集设备。如果工作正常,单击"Next"按钮,如图 6-59 所示。

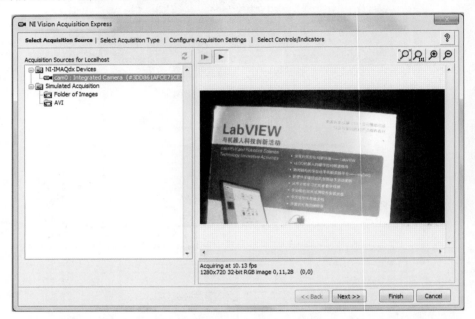

图 6-59　Vision Acquisition 配置窗口步骤 1——"选择采集影像源(Select Acquisition Source)"

　　在图 6-60 所示的选择采集种类对话框中,可以根据需要选择单次采集与图像信号处理(Single Acquisition with processing)、连续采集与内联信号处理(Continuous Acquisition with inline processing)、有限采集与内联信号处理(Finite Acquisition with inline processing)、有限采集与后续信号处理(Finite Acquisition with post processing)4 种不同的采集模式。在每一种模式的右侧都配有直观的 VI 程序示意图,通过 LabVIEW 中的数据流准则,可以很方便地分辨其差别。

　　在图 6-61 所示的"设定采集配置"对话框中,可以配置更为丰富的图像/视频属性,包括弱光补偿、亮度调节、对比度、曝光、Gamma 矫正、色调、色饱和度等参数。

　　在采集部分的最后一个对话框中,可以为程序添加必要的输入控件和显示控件,如图 6-62 所示。默认情况下,NI Vision Acquisition Express VI 将自动选择一个停止按钮作为停止采集的输入控件,同时在输出部会给出"停止"以及"图像输出"两个显示控件。前者传递采集停止信号,后者将采集到的图像显示在程序前面板上。

　　设计完成的程序前面板如图 6-63 所示。

　　至此,可以通过笔记本电脑连接到 myDAQ,并经 H 桥电路控制双电机齿轮箱来带动整个机器人;而且在程序前面板,能够清晰地观察到笔记本电脑前置摄像头拍摄的视频

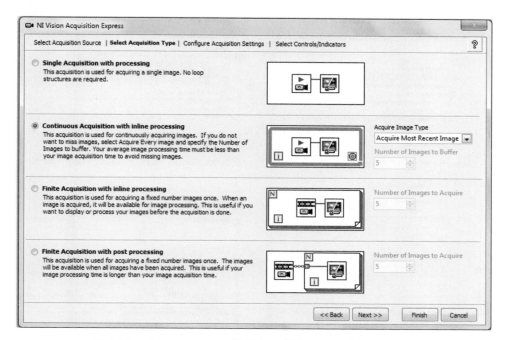

图 6-60　Vision Acquisition 配置窗口步骤 2——"选择采集种类
（Select Acquisition Type）"

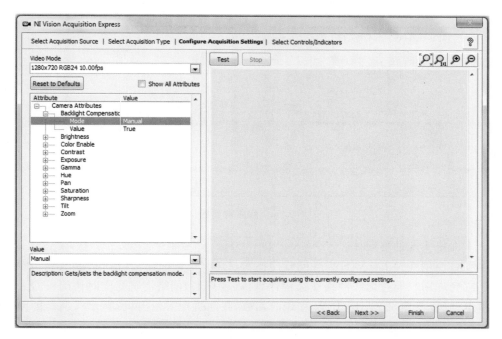

图 6-61　Vision Acquisition 配置窗口步骤 3——"设定采集配置
（Configure Acquisition Settings）"

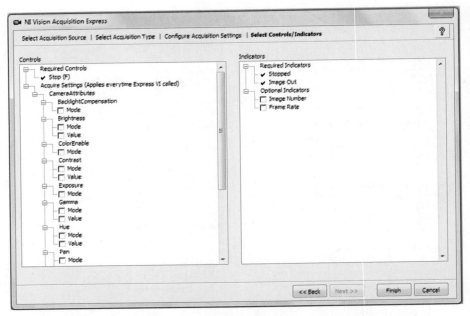

图 6-62　Vision Acquisition 配置窗口步骤 4——"选择输入/显示控件
（Select Controls/Indicators）"

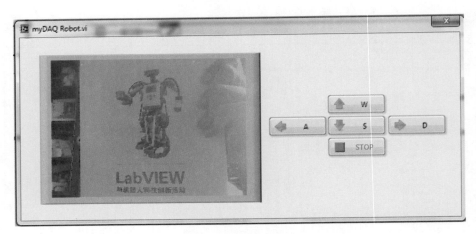

图 6-63　程序前面板

影像。下面将实现远程遥控。

　　本项目使用一种 LabVIEW 远程监控技术，称为"远程前面板（Romote Front Panel）"
技术。它允许用户通过无线网络在远程计算机（客户端）网络浏览器实时访问机器人上的
笔记本电脑（服务器）的 LabVIEW 程序前面板，并向机器人发出运动指令，观察摄像头传
回的图像。

　　为了保证远程监控顺利进行，首先需要对服务器，也就是搭载在机器人上的这台笔记
本电脑进行设置。打开其上的 myDAQ Robot. vi，然后在菜单栏选择"工具"→"Web 发
布工具"，如图 6-64 所示。

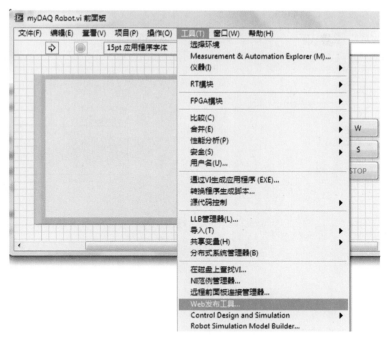

图 6-64　网络发布工具

接下来，要指定未来发布的 VI，并给出查看模式；还需要启动 Web 服务器。可以预览当前发布的 vi 情况：单击"在浏览器中预览"按钮，系统自动弹出默认浏览器，以便用户观察最终发布的网页情况，如图 6-65 所示。

图 6-65　选择 VI 和查看选项

由于最终发布的远程前面板将以网页的形式在浏览器中打开,因此要为输出的 HTML 格式进行设置,如图 6-66 所示。

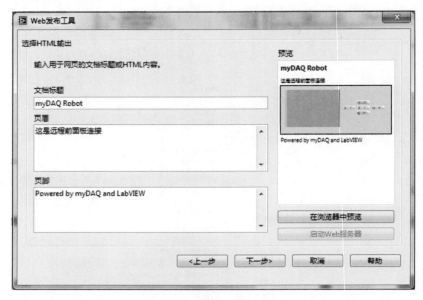

图 6-66　选择 HTML 输出

LabVIEW 为新网页自动分配一个保存目录,如图 6-67 所示。可以根据需要更改目录路径及文件名,最终 LabVIEW 将给出一个位于本地服务器 8000 号端口的 URL 地址。牢记图 6-68 中所示的地址并分享给朋友们,他们就可以在各自的计算机上远程访问用户

图 6-67　保存新网页

发布的 VI 前面板。

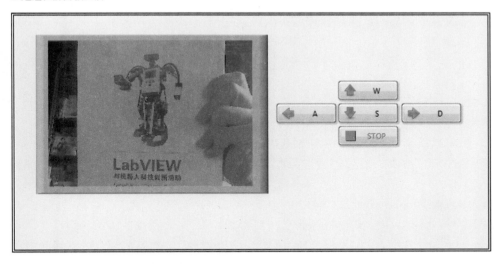

图 6-68　文档 URL

服务器端设置完成之后，可以在网络中的另一台计算机上打开浏览器，并输入如图 6-68 中所分配的 URL 地址，远程访问机器人的 LabVIEW 前面板。

在此过程中需要注意如下几点：首先，确保计算机防火墙处于关闭状态，因为某些内置的防火墙功能会禁止 8000 端口通信；其次，如果在远程计算机上没有安装 LabVIEW 及 Vision Acquisition 软件，浏览器在加载时将提示是否安装相应的运行引擎及相关控件，请确保允许安装。由于客户端需要下载并安装 Vision Common Resources，所以第一次访问时请耐心等待安装完毕。在远程计算机的浏览器中正确加载远程前面板的效果如图 6-69 所示。

myDAQ Robot

这是远程前面板连接

Powered by myDAQ and LabVIEW

图 6-69　网页远程前面板

软、硬件一切就绪之后，如图 6-70 所示，就可以灵活地遥控 myDAQ 机器人。

图 6-70　最终完成的机器人实物图

附录

1. 对计算机配置的要求

为了本书使用的软件开发环境能和硬件设备运行在最佳状态,请确保计算机配置至少达到如下规格。

Windows OS	运行时引擎(Run-Time Engine)即仅运行程序	开 发 环 境
处理器	Pentium Ⅲ/Celeron 866MHz 或同等配置	Pentium 4/M 或同等配置
RAM	256MB	1GB
屏幕分辨率	1024×768 像素	1024×768 像素
操作系统	Windows 7/Vista（32bit 和 64bit）Windows XP SP3（32bit）Windows Server 2003 R2（32bit）Windows Server 2008 R2（64bit）	Windows 7/Vista（32bit 和 64bit）Windows XP SP3（32bit）Windows Server 2003 R2（32bit）Windows Server 2008 R2（64bit）
磁盘空间	353MB	3.67GB(包括 NI 设备驱动程序光盘中的默认驱动程序)

2. 软件环境的安装顺序

首先安装 Multisim 电路设计仿真环境以及 LabVIEW 图形化系统设计环境;其次,安装 NI-ELVISmx 驱动程序以及配套的 DAQmx 驱动程序。

3. NI-ELVISmx 驱动程序版本及配套的 DAQmx 驱动程序版本

本书使用的 NI-ELVISmx 驱动程序版本为 4.5。默认情况下,它将一并装载与 ELVIS Instrument Launcher 配套的 DAQmx 9.7.5。如果计算机上已经安装了更新版本的 DAQmx,ELVISmx 4.5 也能兼容。可以把 DAQmx 驱动理解为数据采集的底层驱动,ELVISmx 将其包含在内,并提供封装好的一些高层抽象驱动。

4. NI-ELVISmx 驱动程序对 LabVIEW 版本的要求

本书使用的 NI-ELVISmx 4.5 需要配合 LabVIEW 2010（及 SP1）、LabVIEW 2011（及 SP1）、LabVIEW 2012（及 SP1）或 LabVIEW 2013 使用。

5. NI-ELVISmx 驱动程序对 Multisim 版本的要求

本书使用的 NI-ELVISmx 4.5 需要配合 Multisim 12 或 Multisim 13 使用。

6. NI-DAQmx 对操作系统的要求

本书使用的 DAQmx 9.7.5 支持下列操作系统。

① Windows 8(32 位、64 位)；

② Windows 7(32 位、64 位)；

③ Windows Vista 商用版、Service Pack(SP)1 及更高版本(32 位和 64 位)；

④ Windows XP、SP3 及更高版本；

⑤ Windows Server 2003 R2、SP2 及更高版本(32 位)；

⑥ Windows Server 2008 R2、SP1 及更高版本(64 位,Server Core Role 不支持)；

⑦ Windows Server 2008 (64 位,Server Core Role 不支持)。

请勿尝试使用 Mac 上的 LabVIEW 连接 myDAQ,目前尚不支持 myDAQ 与 Mac 的连接。

7. NI-DAQmx 支持的设备

下面列出本书使用的 NI-DAQmx 所有程序支持的其他数据采集设备列表。设备支持分为以下类别。

注：在设备支持表中,"√"表示 NI-DAQmx 支持该设备,空白表示设备不存在或 NI-DAQmx 不支持该设备,"×"表示 NI-DAQmx 不再支持该设备。

① X 系列 DAQ；

② M 系列 DAQ；

③ E 系列 DAQ；

④ S 系列 DAQ；

⑤ C 系列、网络 DAQ 和 USB DAQ；

⑥ CompactDAQ 机箱；

⑦ AO 系列；

⑧ 数字 I/O；

⑨ 院校系列产品；

⑩ 传统 DAQ 设备；

⑪ 低成本 USB 设备。

关于操作系统对设备的支持,可访问 ni.com/support/daq/versions。

1) X 系列 DAQ

NI-DAQmx 支持下列 X 系列 DAQ 设备。

设 备	PCIe	PXIe	USB	设 备	PCIe	PXIe	USB
NI 6320	√			NI 6356		√	√
NI 6321	√			NI 6358		√	
NI 6323	√			NI 6361	√	√	√
NI 6341	√	√	√	NI 6363	√	√	√
NI 6343	√		√	NI 6366		√	√
NI 6351	√		√	NI 6368		√	
NI 6353	√		√				

2）M 系列 DAQ

NI-DAQmx 支持下列 M 系列 DAQ 设备。

设　　备	PCI	PCIe	PXI	PXIe	USB
NI 6210/11/12/15/16/18					√
NI 6220	√		√		
NI 6221	√		√		√
NI 6224	√		√		
NI 6225	√		√		√
NI 6229	√		√		√
NI 6230/32/33/36/38/39	√		√		
NI 6250	√		√		
NI 6251	√	√	√	√	√
NI 6254	√		√		
NI 6255	√		√		√
NI 6259	√	√	√	√	√
NI 6280	√		√		
NI 6281	√		√		√
NI 6284	√		√		
NI 6289	√		√		√

3）E 系列 DAQ

NI-DAQmx 支持下列 E 系列 DAQ 设备。

设　　备	PCMCIA	PCI	PXI	设　　备	PCMCIA	PCI	PXI
NI 6023E		√		NI 6052E		√	√
NI 6024E	√	√		NI 6062E	√		
NI 6025E		√	√	NI 6070E			√
NI 6030E			√	NI 6071E		√	√
NI 6031E		√	√	NI PCI-MIO-16E-1		√	
NI 6032E/33E/34E/35E		√		NI PCI-MIO-16E-4		√	
NI 6036E	√	√		NI PCI-MIO-16XE-10	×	√	
NI 6040E			√	NI PCI-MIO-16XE-50	×	√	

4）S 系列 DAQ

NI-DAQmx 支持下列 S 系列 DAQ 设备。

设 备	PCI	PXI	PXIe	设 备	PCI	PXI	PXIe
NI 6110	✓			NI 6124			✓
NI 6111	✓			NI 6132	✓	✓	
NI 6115	✓	✓		NI 6133	✓	✓	
NI 6120	✓	✓		NI 6143	✓	✓	
NI 6122	✓	✓		NI 6154	✓		
NI 6123	✓	✓					

5) C 系列、网络 DAQ 和 USB DAQ

NI-DAQmx 支持下列 C 系列、网络 DAQ 和 USB DAQ 设备。

设 备	CompactDAQ 机箱*	传统机箱和外盒		
		NI ENET/WLS-9163	NI USB-9162	NI cDAQ-9172
NI 9201	✓		✓	✓
NI 9203	✓			✓
NI 9205	✓	✓		✓
NI 9206	✓	✓		✓
NI 9207	✓			✓
NI 9208	✓			✓
NI 9211[†]	✓	✓	✓	✓
NI 9213	✓	✓	✓	✓
NI 9214	✓			
NI 9215[†]	✓	✓	✓	✓
NI 9217	✓			✓
NI 9219	✓	✓	✓	✓
NI 9220	✓			
NI 9221	✓		✓	✓
NI 9222	✓			
NI 9223	✓			
NI 9225	✓			✓
NI 9227	✓			✓
NI 9229	✓		✓	✓
NI 9232	✓			
NI 9233	✓		✓	✓
NI 9234	✓	✓	✓	✓
NI 9235	✓			✓
NI 9236	✓			✓
NI 9237	✓	✓	✓	✓
NI 9237(DSUB)	✓			✓

设　备	CompactDAQ 机箱*	传统机箱和外盒		
		NI ENET/WLS-9163	NI USB-9162	NI cDAQ-9172
NI 9239	√		√	√
NI 9263	√		√	√
NI 9264	√		√	√
NI 9265	√		√	√
NI 9269	√			√
NI 9375	√			
NI 9401	√			√
NI 9402	√			√
NI 9403	√			√
NI 9411	√			√
NI 9421	√	√	√	√
NI 9422	√			√
NI 9423	√			√
NI 9425	√			√
NI 9426	√			√
NI 9435	√			√
NI 9469	√			
NI 9472	√	√	√	√
NI 9474	√			√
NI 9475	√			√
NI 9476	√			√
NI 9477	√			√
NI 9478	√			√
NI 9481	√	√	√	√
NI 9482	√			
NI 9485	√			√

注:"＊"不包括 NI cDAQ-9172。

"†"NI-DAQmx 支持 NI USB-9211A 和 NI USB-9215A(与 NI USB-9162 配合使用的 C 系列模块)。NI-DAQmx 不支持 NI USB-9211 和 NI USB-9215(与 NI USB-9161 配合使用的 C 系列模块)。

6)cDAQ 机箱

NI-DAQmx 支持下列 cDAQ 机箱。

CompactDAQ 机箱	Ethernet	USB	无线	独立系统
NI cDAQ-9138*				√
NI cDAQ-9139*				√
NI cDAQ-9171*		√		

CompactDAQ 机箱	Ethernet	USB	无线	独立系统
NI cDAQ-9172		√		
NI cDAQ-9174*		√		
NI cDAQ-9178*		√		
NI cDAQ-9181	√			
NI cDAQ-9184	√			
NI cDAQ-9188	√			
NI cDAQ-9188XT	√			
NI cDAQ-9191	√		√	

注:"＊"LabVIEW Real-Time 模块 2012 或更高版本支持该机箱。

7) AO 系列

NI-DAQmx 支持下列 AO 设备。

设　备	DAQCard	PCI	PXI	设　备	DAQCard	PCI	PXI
NI 6703		√		NI 6722		√	√
NI 6704		√	√	NI 6723		√	√
NI 6711		√	√	NI 6731		√	
NI 6713		√	√	NI 6733		√	√
NI 6715	√						

8) 数字 I/O

NI-DAQmx 支持下列数字 I/O 设备。

设　备	DAQCard	PCI	PCIe	PXI	PXIe	USB
NI 6501*						√
NI 6503		√				
NI 6508				√		
NI 6509		√	√	√		√
NI 6510		√				
NI 6511		√		√		
NI 6512		√		√		
NI 6513		√		√		
NI 6514		√		√		
NI 6515		√		√		
NI 6516		√				
NI 6517		√				
NI 6518		√				
NI 6519		√				

设　备	DAQCard	PCI	PCIe	PXI	PXIe	USB
NI 6520		√		√		
NI 6521		√		√		
NI 6525						√
NI 6527		√		√		
NI 6528		√		√		
NI 6529				√		
NI 6533	×	√		√		
NI 6534		√		√		
NI 6535			√		√	
NI 6535B			√			
NI 6536			√		√	
NI 6536B			√			
NI 6537			√		√	
NI 6537B			√			
NI DIO-24	√					
NI DIO-32HS		√				
NI DIO-96		√				

注："＊"无 NI-DAQmx 模拟设备功能。

9）院校系列产品

NI-DAQmx 支持下列院校系列产品。

① NI ELVIS Ⅱ

② NI ELVIS Ⅱ＋

③ NI myDAQ

10）传统 DAQ 设备

NI-DAQmx 支持下列传统 DAQ 设备（B 系列设备）。

设　备	DAQ Pad	PCI	USB	设　备	DAQ Pad	PCI	USB
NI DAQPad-6015	√			NI PCI-6013		√	
NI DAQPad-6016	√			NI PCI-6014		√	
NI PCI-6010		√		SensorDAQ			√

11）低成本 USB 设备

NI-DAQmx 支持下列低成本 DAQ 设备（B 系列设备）。

设　备	USB	设　备	USB
NI 6000	√	NI 6009	√
NI 6008	√	NI TC01	√

参 考 文 献

1. National Instruments Corporation. LabVIEW Basic Ⅰ: Introduction Course Manual 2013.

2. National Instruments Corporation. LabVIEW Basic Ⅱ: Development Course Manual 2013.

3. National Instruments Corporation. LabVIEW Intermediate Ⅰ: Successful Development Practices Course Manual 2013.

4. Jeffrey Travis, Jim Kring. LabVIEW for Everyone: Graphical Programming Made Easy And Fun. Prentice Hall PTR. 2006.

5. ni. com/mydaq/zhs.